KB094740

연산을 잡아야 수학이 쉬워진다!

기적의

중학연산

2B

기적의 중학연산 2B

초판 발행 2018년 12월 20일
초판 8쇄 2021년 05월 03일

지은이 기적학습연구소
발행인 이종원
발행처 길벗스쿨
출판사 등록일 2006년 6월 16일
주소 서울시 마포구 월드컵로 10길 56(서교동)
대표 전화 02)332-0931 | **팩스** 02)333-5409
홈페이지 www.gilbutschool.co.kr | **이메일** gilbut@gilbut.co.kr

기획 및 책임 편집 이선정(dinga@gilbut.co.kr)
제작 이준호, 손일순, 이진혁 | **영업마케팅** 안민제, 문세연, 박선경 | **웹마케팅** 박달님, 정유리, 윤승현
영업관리 김명자, 정경화 | **독자지원** 송혜란, 윤정아 | **편집진행 및 교정** 이선정
표지 디자인 정보라 | **표지 일러스트** 김다예 | **내지 디자인** 정보라 | **삽화** 유재영
전산편집 보문미디어 | **CTP 출력·인쇄** 교보P&B | **제본** 신정제본

ISBN 979-11-88991-82-2 54410
(길벗 도서번호 10659)
정가 10,000원

독자의 1초를 아껴주는 정성 길벗출판사

(주)도서출판 길벗 | IT실용, IT/일반 수험서, 경제경영, 취미실용, 인문교양(더퀘스트) www.gilbut.co.kr
길벗이지톡 | 어학단행본, 어학수험서 www.eztok.co.kr
길벗스쿨 | 국어학습, 수학학습, 어린이교양, 주니어 어학학습, 교과서 www.gilbutschool.co.kr

페이스북 www.facebook.com/gilbutzigy
트위터 www.twitter.com/gilbutzigy

머리말

초등학교 땐 수학 좀 한다고 생각했는데, 중학교에 들어오니 갑자기 어렵나요?

숫자도 모자라 알파벳이 나오질 않나, 어려워서 쩔쩔매는 내모습에 부모님도 당황하시죠. 어쩌다 수학이 어려워졌을까요?

게임을 한다고 생각해 보세요. 매뉴얼을 열심히 읽는다고 해서, 튜토리얼 한 판 한다고 해서 끝판 왕이 될 수 있는 건 아니에요. 다양한 게임의 룰과 변수를 이해하고, 아이템도 활용하고, 여러 번 연습해서 내공을 쌓아야 비로소 만렙이 되는 거죠.
중학교 수학도 똑같아요. 개념을 이해하고, 손에 딱 붙을 때까지 여러 번 연습해야만 어떤 문제든 거뜬히 해결할 수 있어요.

알고 보면 수학이 갑자기 어려워진 게 아니에요. 단지 어렵게 '느낄' 뿐이죠. 꼭 연습해야 할 기본을 건너뛴 채 곧장 문제부터 해결하려 덤벼들면 어렵게 느끼는 게 당연해요.

자, 이제부터 중학교 수학의 1레벨부터 차근차근 기본기를 다져 보세요. 정확하게 개념을 이해한 다음, 충분히 손에 익을 때까지 연습해야겠죠? 지겹고 짜증나는 몇 번의 위기를 잘 넘기고 나면 어느새 최종판에 도착한 자신을 보게 될 거예요.
기본부터 공부하는 것이 당장은 친구들보다 뒤처지는 것 같더라도 걱정하지 마세요. 나중에는 실력이 쑥쑥 늘어서 수학이 쉽고 재미있게 느껴질 테니까요.

길벗스쿨 기적학습연구소

3단계 다면학습으로 다지는 중학 수학

'소인수분해'의 다면학습 3단계

1

눈으로

문제해결

연산훈련

개념형성

❶단계 | 직관적 이미지 형성

12

ㅎ ㅏ ㅁ ㅏ

2 2 3

글자는
자음과 모음으로
분해!

수는
소수로
분해!

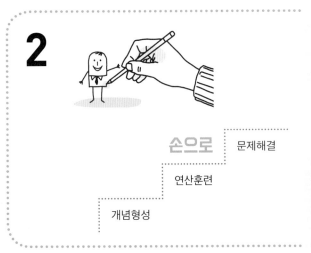

2

손으로

문제해결

연산훈련

개념형성

❷단계 | 수학적 개념 확립

소인수분해의 수학적 정의

: 1보다 큰 자연수를 소인수만의 곱으로 나타내는 것

12를 소인수분해하면?

$$12 = 2 \times 2 \times 3 = 2^2 \times 3$$

소인수   소인수

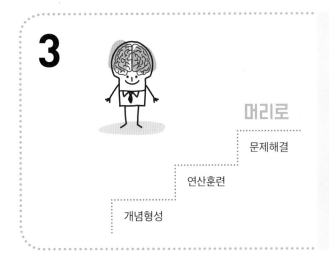

3

머리로

문제해결

연산훈련

개념형성

❸단계 | 개념의 적용 활용

12에 자연수 a를 곱하여 **어떤 자연수의 제곱이 되도록** 할 때, 가장 작은 자연수 a의 값을 구하시오.

step1 12를 소인수분해한다. → $12 = 2^2 \times 3$

step2 소인수 3의 지수가 1이므로 12에 3을 곱하면 $2^2 \times 3 \times 3 = 2^2 \times 3^2 = 36$으로 6의 제곱이 된다. 따라서 a=3이다.

눈으로 보고, 손으로 익히고, 머리로 적용하는 3단계 다면학습을 통해 직관적으로 이해한 개념을 수학적 언어로 표현하고 사용하면서 중학교 수학의 기본기를 다질 수 있습니다.

'사랑'이란 단어를 처음 들으면 어떤 사람은 빨간색 하트를, 또 다른 누군가는 어머니를 머릿속에 떠올립니다. '사랑'이란 단어에 개인의 다양한 경험과 사유가 더해지면서 구체적이고 풍부한 개념이 형성되는 것입니다.

그런데 학문적인 용어에 대해서는 직관적인 이미지를 무시하는 경향이 있습니다. 여러분은 '소인수분해'라는 단어를 들으면 어떤 이미지가 떠오르나요? 머릿속이 하얘지고 복잡한 수식만 둥둥 떠다니지 않나요? 바로 떠오르는 이미지가 없다면 아직 소인수분해의 개념이 제대로 형성되지 않은 것입니다. 소인수분해를 '소인수만의 곱으로 나타내는 것'이라는 딱딱한 설명으로만 접하면 수를 분해하는 원리를 이해하기 어렵습니다. 그러나 한글의 자음, 모음과 같이 기존에 알고 있던 지식과 비교하면서 시각적으로 이해하면 수의 구성을 직관적으로 이해할 수 있습니다. 이렇게 이미지화 된 개념을 추상적이고 논리적인 언어적 개념과 연결시키면 입체적인 지식 그물망을 형성할 수 있습니다.

눈으로만 이해한 개념은 아직 완전하지 않습니다. 스스로 소인수분해의 개념을 잘 이해했다고 생각해도 정확한 수학적 정의를 반복하여 적용하고 다루지 않으면 오개념이 형성되기 쉽습니다.

<소인수분해에서 오개념이 불러오는 실수>

$12 = 3 \times 4$ (✗) ← 4는 합성수이다.　　　　$12 = 1 \times 2^2 \times 3$ (✗) ← 1은 소수도 합성수도 아니다.

하나의 지식이 뇌에 들어와 정착하기까지는 여러 번 새겨 넣는 고착화 과정을 거쳐야 합니다. 이때 손으로 문제를 반복해서 풀어야 개념이 완성되고, 원리를 쉽게 이해할 수 있습니다. 소인수분해를 가지치기 방법이나 거꾸로 나눗셈 방법으로 여러 번 연습한 후, 자기에게 맞는 편리한 방법을 선택하여 자유자재로 풀 수 있을 때까지 훈련해야 합니다. 문제를 해결할 수 있는 무기를 만들고 다듬는 과정이라고 생각하세요.

개념과 연산을 통해 훈련한 내용만으로 활용 문제를 척척 해결하기는 어렵습니다. 그 내용을 어떻게 문제에 적용해야 할지 직접 결정하고 해결하는 과정이 남아 있기 때문입니다.

제곱인 수를 만드는 문제에서 첫 번째로 수행해야 할 것이 바로 소인수분해입니다. 앞에서 제대로 개념을 형성했다면 문제를 읽으면서 "수를 분해하여 구성 요소부터 파악해야만 제곱인 수를 만들기 위해 모자라거나 넘치는 것을 알 수 있다."라는 사실을 깨달을 수 있습니다.

실제 시험에 출제되는 문제는 이렇게 개념을 활용하여 한 단계를 거쳐야만 비로소 답을 구할 수 있습니다. 제대로 개념이 형성되어 있으면 문제를 접했을 때 어떤 개념이 필요한지 파악하여 적재적소에 적용하면서 해결할 수 있습니다. 따라서 다양한 유형의 문제를 접하고, 필요한 개념을 적용해 풀어 보면서 문제 해결 능력을 키우세요.

구성 및 학습설계 : 어떻게 볼까요?

1단계 눈으로 보는 VISUAL IDEA

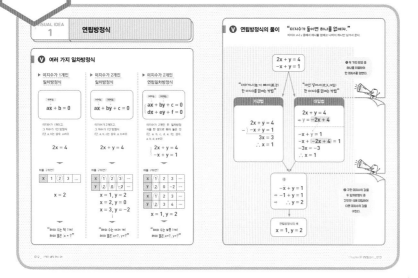

문제 훈련을 시작하기 전 가벼운 마음으로 읽어 보세요.

나무가 아니라 숲을 보아야 해요. 하나하나 파고들어 이해하기보다 위에서 내려다보듯 전체를 머릿속에 담아서 나만의 지식 그물망을 만들어 보세요.

2단계 손으로 익히는 ACT

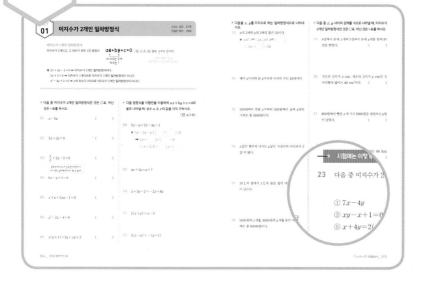

개념을 꼼꼼히 읽은 후 손에 익을 때까지 문제를 반복해서 풀어요.

완전히 이해될 때까지 쓰고 지우면서 풀고 또 풀어 보세요.

시험에는 이렇게 나온대.

학교 시험에서 기초 연산이 어떻게 출제되는지 알 수 있어요. 모양은 다르지만 기초 연산과 똑같이 풀면 되는 문제로 구성되어 있어요.

3단계   머리로 적용하는 ACT+

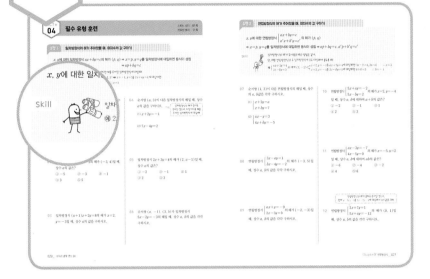

기초 연산 문제보다는 다소 어렵지만 꼭 익혀야 할 유형의 문제입니다. 차근차근 따라 풀 수 있도록 설계되어 있으므로 개념과 Skill을 적극 활용하세요.

Skill

문제 풀이의 tip을 말랑말랑한 표현으로 알려줍니다. 딱딱한 수식보다 효과적으로 유형을 이해할 수 있어요.

Test   단원평가

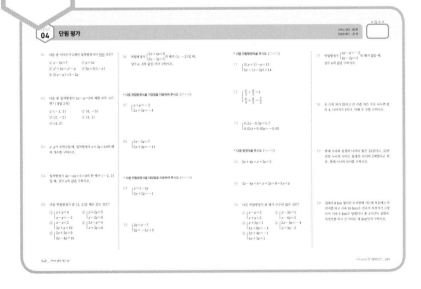

점수도 중요하지만, 얼마나 이해하고 있는 지를 아는 것이 더 중요해요.
배운 내용을 꼼꼼하게 확인하고, 틀린 문제는 앞의 ACT나 ACT+로 다시 돌아가 한 번 더 연습하세요.

목차와 스케줄러

"하루에 공부할 양을 정해서, 매일매일 꾸준히 풀어요."

일주일에 5일 동안 공부하는 것을 목표로 합니다. 공부할 날짜를 적고, 일정을 지킬 수 있도록 노력하세요.

ACT 01	ACT 02	ACT 03	ACT+ 04	ACT 05	ACT 06
월 일	월 일	월 일	월 일	월 일	월 일
ACT 07	ACT 08	ACT 09	ACT 10	ACT 11	ACT+ 12
월 일	월 일	월 일	월 일	월 일	월 일
ACT+ 13	ACT+ 14	ACT+ 15	ACT+ 16	TEST 04	ACT 17
월 일	월 일	월 일	월 일	월 일	월 일
ACT 18	ACT 19	ACT 20	ACT 21	ACT 22	ACT 23
월 일	월 일	월 일	월 일	월 일	월 일
ACT 24	ACT 25	ACT 26	ACT+ 27	ACT 28	ACT 29
월 일	월 일	월 일	월 일	월 일	월 일
ACT 30	ACT 31	ACT 32	ACT 33	ACT+ 34	ACT+ 35
월 일	월 일	월 일	월 일	월 일	월 일
TEST 05	ACT 36	ACT 37	ACT 38	ACT+ 39	ACT 40
월 일	월 일	월 일	월 일	월 일	월 일
ACT 41	ACT+ 42	TEST 06			
월 일	월 일	월 일			

"하루에 공부할 양을 정해서, 매일매일 꾸준히 풀어요."

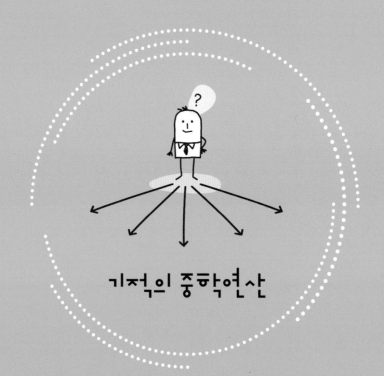

기적의 중학연산

Chapter IV

연립방정식

Ⓥ 여러 가지 일차방정식

▶ **미지수가 1개인 일차방정식**

미지수
$$ax + b = 0$$

미지수가 1개이고,
그 차수가 1인 방정식
(단, a, b는 상수, a≠0)

$$2x = 4$$

▼

해를 구하면?

| x | 1 | ② | 3 | ⋯ |

$$x = 2$$

▼

"해의 수는 딱 1개!
해의 꼴은 x = ?"

▶ **미지수가 2개인 일차방정식**

미지수   미지수
$$ax + by + c = 0$$

미지수가 2개이고,
그 차수가 1인 방정식
(단, a, b, c는 상수, a, b≠0)

$$2x + y = 4$$

▼

해를 구하면?

| x | ① | 2 | ③ | ⋯ |
| y | ② | 0 | -2 | ⋯ |

$$x = 1, y = 2$$
$$x = 2, y = 0$$
$$x = 3, y = -2$$
⋮

▼

"해의 수는 여러 개!
해의 꼴은 x=?, y=?"

▶ **미지수가 2개인 연립일차방정식**

미지수   미지수
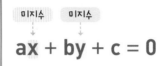
$$\begin{cases} ax + by + c = 0 \\ dx + ey + f = 0 \end{cases}$$

미지수가 2개인 두 일차방정식을 한 쌍으로 묶어 놓은 것
(단, a, b, c, d, e, f는 상수, a, b, d, e≠0)

$$\begin{cases} 2x + y = 4 \\ -x + y = 1 \end{cases}$$

▼

해를 구하면?

| x | ① | 2 | 3 | ⋯ |
| y | ② | 0 | -2 | ⋯ |

| x | ① | 2 | 3 | ⋯ |
| y | ② | 3 | 4 | ⋯ |

$$x = 1, y = 2$$

▼

"해의 수는 보통 1개!
해의 꼴은 x=?, y=?"

Ⅴ 연립방정식의 풀이 "미지수가 둘이면 하나를 없애자."

미지수 x나 y 중에서 하나를 없애고 나머지 하나만 남겨서 푼다.

$$2x + y = 4$$
$$-x + y = 1$$

❶ 두 가지 방법 중 하나를 이용하여 한 미지수를 없앤다.

"더하거나(加,가) 빼서(減,감) 한 미지수를 없애는 방법"

"대신 넣어서(代入,대입) 한 미지수를 없애는 방법"

가감법

$$
\begin{array}{r}
2x + y = 4 \\
-\ )\ -x + y = 1 \\
\hline
3x = 3 \\
\therefore x = 1
\end{array}
$$

대입법

$$2x + y = 4$$
$$\Rightarrow y = -2x + 4$$

$$-x + y = 1$$
$$-x + (-2x + 4) = 1$$
$$-3x = -3$$
$$\therefore x = 1$$

❷ 구한 미지수의 값을 두 일차방정식 중 간단한 식에 대입하여 다른 미지수의 값을 구한다.

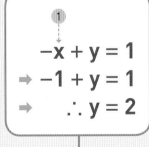

$$
\begin{array}{c}
① \\
-x + y = 1 \\
\Rightarrow -1 + y = 1 \\
\Rightarrow \quad \therefore y = 2
\end{array}
$$

연립방정식의 해

$$x = 1, y = 2$$

미지수가 2개인 일차방정식

미지수가 2개인 일차방정식

미지수가 2개이고, 그 차수가 모두 1인 방정식 $ax+by+c=0$ (단, a, b, c는 상수, $a\neq0$, $b\neq0$)

미지수는 2개
차수는 1

x항과 y항의 계수는
0이 아니다. (c는 0이어도 됨)

⑩ $2x+3y-1=0$ ➡ 미지수가 2개인 일차방정식이다.

$5x+3=0$ ➡ 미지수가 1개이므로 미지수가 2개인 일차방정식이 아니다.

$x^2-4y+2=0$ ➡ x의 차수가 2이므로 미지수가 2개인 일차방정식이 아니다.

---

* 다음 중 미지수가 2개인 일차방정식인 것은 ○표, 아닌 것은 ×표를 하시오.

01 $x-5y$ ( )

02 $3x+2y=0$ ( )

03 $\dfrac{1}{x}+2y-3=0$ ( )

> 분모에 미지수가 있으면 다항식이 아니므로 일차방정식이 될 수 없어.

04 $6x-y+1=0$ ( )

05 $x+y+3xy-1=0$ ( )

06 $x^2-2x-4=0$ ( )

07 $x(y+1)=2y+xy+3$ ( )

* 다음 방정식을 이항만을 이용하여 $ax+by+c=0$의 꼴로 나타낼 때, 상수 a, b, c의 값을 각각 구하시오.

(단, $a>0$)

08 $5x-y=3x-4y-1$

▶ $5x-3x-y+\boxed{}+\boxed{}=0$

➡ $2x+\boxed{}y+\boxed{}=0$

∴ $a=2$, $b=\boxed{}$, $c=\boxed{}$

09 $4x+2y=y+7$

10 $x+3y-2=-2x+8y$

11 $2(x+y)=x-5$

12 $3(x-y)=-(y+1)$

* 다음을 x, y를 미지수로 하는 일차방정식으로 나타내시오.

13 x의 2배와 y의 3배의 합은 26이다.

▶ x의 2배 : $2x$, y의 3배 : $\boxed{}$

∴ $2x + \boxed{} = 26$

14 돼지 x마리와 닭 y마리의 다리의 수는 18개이다.

15 300원짜리 연필 x자루와 500원짜리 공책 y권의 가격은 총 3600원이다.

16 x살인 형우의 나이는 y살인 지성이의 나이보다 2살 더 많다.

17 10 L의 물에서 x L의 물을 덜어 내면 y L의 물이 남는다.

18 5000원씩 x개월, 8000원씩 y개월 동안 저축한 금액은 총 60000원이다.

* 다음 중 x, y 사이의 관계를 식으로 나타낼 때, 미지수가 2개인 일차방정식인 것은 ○표, 아닌 것은 ×표를 하시오.

19 4점짜리 문제 x개와 5점짜리 문제 y개를 맞혀 87점을 받았다. ( )

20 가로의 길이가 x cm, 세로의 길이가 y cm인 직사각형의 넓이는 40 cm²이다. ( )

21 800원짜리 빵을 x개 사고 5000원을 내었더니 y원이 남았다. ( )

22 시속 x km로 y시간 동안 달린 거리는 80 km이다. ( )

(거리) = (속력) × (시간)임을 기억해!

◂━ **시험에는 이렇게 나온대.**

23 다음 중 미지수가 2개인 일차방정식을 모두 고르면?
(정답 2개)

① $7x - 4y$ ② $5x + y = 8 - y$

③ $xy - x + 1 = 0$ ④ $x^2 + 3x - y = x^2$

⑤ $x + 4y = 2(x + 2y) - 1$

미지수가 2개인 일차방정식의 해

미지수가 2개인 일차방정식의 해

미지수가 x, y로 2개인 일차방정식이 참이 되게 하는 x, y의 값 또는 순서쌍 (x, y)

예 일차방정식 $x + 3y = 5$에 대하여 $\begin{bmatrix} x = 2, y = 1 일 때, 2 + 3 \times 1 = 5 \Rightarrow (2, 1)은 해이다. \\ x = 3, y = 1 일 때, 3 + 3 \times 1 = 6 \neq 5 \Rightarrow (3, 1)은 해가 아니다. \end{bmatrix}$

일차방정식을 푼다 일차방정식의 해를 모두 구하는 것

---

* 다음 중 일차방정식 $2x + 3y = 5$의 해인 것은 ◯표, 아닌 것은 ×표를 하시오.

01 $(-2, 3)$ ( )

▶ $x = -2$, $y = 3$을 $2x + 3y = 5$에 대입하면

$2 \times (-2) + 3 \times \boxed{} = \boxed{}$

02 $(0, 2)$ ( )

03 $(1, 1)$ ( )

04 $(4, -1)$ ( )

05 $(-5, 4)$ ( )

* 다음 중 x, y의 순서쌍 $(1, -2)$를 해로 갖는 일차방정식인 것은 ◯표, 아닌 것은 ×표를 하시오.

06 $x + 4y = -6$ ( )

▶ $x = 1$, $y = -2$를 $x + 4y = -6$에 대입하면

$\boxed{} + 4 \times (-2) = \boxed{} \neq -6$

07 $2x + y = 0$ ( )

08 $3x - y = 5$ ( )

09 $4x + 2y = 1$ ( )

10 $-5x + 2y = -9$ ( )

* 다음 일차방정식에 대하여 표를 완성하고, 이를 이용하여 x, y가 자연수일 때, 일차방정식의 해를 순서쌍 (x, y)로 나타내시오.

11 $x+y=5$

x	1	2	3	4
y	4			

따라서 해는
$(1, 4)$, $(2, \boxed{})$, $(3, \boxed{})$, $(4, \boxed{})$이다.

12 $x+2y=10$

x				
y	1	2	3	4

따라서 해는
$(\boxed{}, 1)$, $(\boxed{}, 2)$, $(\boxed{}, 3)$, $(\boxed{}, 4)$이다.

13 $3x+y=12$

x	1	2	3	4	5
y					

14 $2x+3y=15$

x					
y	1	2	3	4	5

* x, y가 자연수일 때, 다음 일차방정식의 해를 구하시오.

15 $x+y=6$

> x 또는 y에 자연수 1, 2, 3, …을 차례대로 대입해 보자.

16 $2x+y=8$

17 $\dfrac{1}{3}x+y=5$

18 $3x+2y=20$

시험에는 이렇게 나온대.

19 x, y가 자연수일 때, 일차방정식 $x+4y=17$의 해의 개수를 구하시오.

미지수가 2개인 연립일차방정식

미지수가 2개인 연립일차방정식

미지수가 2개인 두 일차방정식을 한 쌍으로 묶어 놓은 것

참고 연립일차방정식을 간단하게 연립방정식이라고 한다.

$$\begin{cases} 2x+y=8 & \cdots \text{㉠} \\ x+y=6 & \cdots \text{㉡} \end{cases}$$

➡ ㉠의 해 : $(1, 6)$, $(2, 4)$, $(3, 2)$, $\cdots$
　㉡의 해 : $(1, 5)$, $(2, 4)$, $(3, 3)$, $\cdots$
　　　　　　　　　 ↑
　　　　　　 연립방정식의 해

연립방정식의 해

두 일차방정식을 동시에 만족시키는 x, y의 값 또는 순서쌍 (x, y)

연립방정식을 푼다

연립방정식의 해를 구하는 것

＊ 다음을 x, y를 미지수로 하는 연립방정식으로 나타내시오.

01 두 수 x, y의 합은 7이고, x에서 y를 뺀 값은 1이다.

▶ 두 수 x, y의 합이 7이다. ➡ $x+y=$ ▢

　x에서 y를 뺀 값이 1이다. ➡ $x-y=$ ▢

　∴ $\begin{cases} x+y= ▢ \\ x-y= ▢ \end{cases}$

02 한 개에 1000원인 사과 x개와 한 개에 1500원인 배 y개를 모두 5개 샀더니 6000원이었다.

$\begin{cases} \underline{\qquad\qquad\qquad} \\ \underline{\qquad\qquad\qquad} \end{cases}$

'개수의 합'과 '금액의 합'으로 각각 방정식을 만들자.

03 농구 경기에서 어떤 선수가 2점 슛 x개와 3점 슛 y개를 넣어 총 20점을 득점하였는데 2점 슛이 3점 슛보다 5개 더 많았다.

$\begin{cases} \underline{\qquad\qquad\qquad} \\ \underline{\qquad\qquad\qquad} \end{cases}$

＊ 다음 연립방정식 중 $x=2$, $y=1$을 해로 갖는 것은 ○표, 아닌 것은 ×표를 하시오.

04 $\begin{cases} x+3y=5 & \cdots \text{㉠} \\ 2x-y=4 & \cdots \text{㉡} \end{cases}$ 　　(　　)

▶ $x=2$, $y=1$을 ㉠에 대입하면

　$2+3\times$ ▢ $=5$

　$x=2$, $y=1$을 ㉡에 대입하면

　$2\times$ ▢ $-1=$ ▢ $\neq 4$

일차방정식에 대입했을 때 모두 참이 되어야 연립방정식의 해야.

05 $\begin{cases} x-y=1 \\ x+2y=4 \end{cases}$ 　　(　　)

06 $\begin{cases} x+4y=6 \\ 3x-2y=-2 \end{cases}$ 　　(　　)

07 $\begin{cases} 2x-3y=1 \\ x-5y=-3 \end{cases}$ 　　(　　)

* 다음 연립방정식에 대하여 표를 완성하고, 이를 이용하여 x, y가 자연수일 때, 연립방정식의 해를 순서쌍 (x, y)로 나타내시오.

08 $\begin{cases} x+y=4 & \cdots ㉠ \\ 2x+y=7 & \cdots ㉡ \end{cases}$

㉠의 해 :

x	1	2	3
y	3		

㉡의 해 :

x	1	2	3
y	5		

따라서 ㉠, ㉡을 동시에 만족시키는 해는 (□ , □)이다.

09 $\begin{cases} y=x+1 & \cdots ㉠ \\ x+4y=14 & \cdots ㉡ \end{cases}$

㉠의 해 :

x	1	2	3	4	$\cdots$
y					$\cdots$

㉡의 해 :

x			
y	1	2	3

따라서 ㉠, ㉡을 동시에 만족시키는 해는 (□ , □)이다.

10 $\begin{cases} x-2y=0 & \cdots ㉠ \\ 3x+y=14 & \cdots ㉡ \end{cases}$

㉠의 해 :

x					$\cdots$
y	1	2	3	4	$\cdots$

㉡의 해 :

x	1	2	3	4
y				

따라서 ㉠, ㉡을 동시에 만족시키는 해는 (□ , □)이다.

* x, y가 자연수일 때, 다음 연립방정식의 해를 구하시오.

11 $\begin{cases} x+y=5 \\ x+2y=9 \end{cases}$

12 $\begin{cases} x-y=2 \\ 4x+y=13 \end{cases}$

13 $\begin{cases} 4x-y=1 \\ 2x+y=5 \end{cases}$

시험에는 이렇게 나온대.

14 다음 연립방정식 중 x, y의 순서쌍 $(1, -3)$을 해로 갖는 것은?

① $\begin{cases} x+y=-2 \\ x-2y=5 \end{cases}$ ② $\begin{cases} x+3y=-6 \\ 2x-y=5 \end{cases}$

③ $\begin{cases} 2x-3y=11 \\ 4x+y=1 \end{cases}$ ④ $\begin{cases} 5x-y=8 \\ 3x+2y=-2 \end{cases}$

⑤ $\begin{cases} 2x+5y=-10 \\ 5x-2y=11 \end{cases}$

유형 1 **일차방정식의 해가 주어졌을 때, 미지수의 값 구하기**

x, y에 대한 일차방정식 $ax+by=c$의 해가 (p, q) ➡ $x=p$, $y=q$를 일차방정식에 대입하면 등식이 성립

➡ $ap+bq=c$

Skill 일차방정식의 해가 주어지면 해를 주어진 일차방정식에 대입해!

예 $2x+ay=1$의 해가 $(-1, 3)$ ➡ $x=-1$, $y=3$을 $2x+ay=1$에 대입하면

$-2+3a=1$, $3a=3$ ∴ $a=1$

---

01 순서쌍 $(1, 2)$가 다음 일차방정식의 해일 때, 상수 a의 값을 구하시오.

(1) $4x-y=a$

(2) $ax+3y=5$

---

02 일차방정식 $5x-ay=-3$의 해가 $(-3, 4)$일 때, 상수 a의 값은?

① -5 ② -3 ③ -1

④ 3 ⑤ 5

---

03 일차방정식 $(a+1)x+2y=8$의 해가 $x=2$, $y=-3$일 때, 상수 a의 값을 구하시오.

---

04 순서쌍 $(a, 3)$이 다음 일차방정식의 해일 때, 상수 a의 값을 구하시오.

> 일차방정식의 해가 문자로 주어진 경우야. 마찬가지로 해를 주어진 일차방정식에 대입해!

(1) $x+2y=-1$

(2) $7x-4y=2$

---

05 일차방정식 $2x+3y=4$의 해가 $(2, a-1)$일 때, 상수 a의 값은?

① -2 ② -1 ③ 1

④ 2 ⑤ 3

---

06 순서쌍 $(a, -1)$, $(3, b)$가 일차방정식 $5x-2y=-3$의 해일 때, 상수 a, b의 값을 각각 구하시오.

x, y에 대한 연립방정식 $\begin{cases} ax+by=c \\ a'x+b'y=c' \end{cases}$ 의 해가 (p, q)

➡ $x=p$, $y=q$를 일차방정식에 대입하면 등식이 성립 ➡ $ap+bq=c$, $a'p+b'q=c'$

Skill

일차방정식의 해가 주어졌을 때와 방법은 같아.

단, 해를 연립방정식의 두 일차방정식에 모두 대입해서 풀도록 해!

예 $\begin{cases} ax+2y=4 \\ 3x-by=5 \end{cases}$ 의 해가 $(2, -1)$ ┌ $x=2$, $y=-1$을 $ax+2y=4$에 대입하면 $2a-2=4$, $2a=6$ ∴ $a=3$
                                                               └ $x=2$, $y=-1$을 $3x-by=5$에 대입하면 $6+b=5$ ∴ $b=-1$

---

07 순서쌍 $(1, 3)$이 다음 연립방정식의 해일 때, 상수의 a, b값을 각각 구하시오.

(1) $\begin{cases} x+2y=a \\ x+by=7 \end{cases}$

(2) $\begin{cases} ax-y=3 \\ 4x+by=-5 \end{cases}$

08 연립방정식 $\begin{cases} 3x-ay=1 \\ bx-4y=-2 \end{cases}$ 의 해가 $(-3, 5)$일 때, 상수 a, b의 값을 각각 구하시오.

09 연립방정식 $\begin{cases} ax+y=-9 \\ 2x-3y=b \end{cases}$ 의 해가 $(-2, -3)$일 때, 상수 a, b의 값을 각각 구하시오.

10 연립방정식 $\begin{cases} 5x+ay=-2 \\ 5x-by=2 \end{cases}$ 의 해가 $x=2$, $y=-4$일 때, 상수 a, b에 대하여 $a+b$의 값은?

① -2 ② -1 ③ 1

④ 2 ⑤ 3

11 연립방정식 $\begin{cases} ax-3y=-7 \\ 4x-5y=b \end{cases}$ 의 해가 $x=-5$, $y=2$일 때, 상수 a, b에 대하여 ab의 값은?

① -6 ② -4 ③ -2

④ 4 ⑤ 6

> 연립방정식의 해가 문자로 주어진 경우야.
> 먼저 $x=b$, $y=1$을 $2x+7y=1$에 대입해서 b의 값을 구해!

12 연립방정식 $\begin{cases} 2x+7y=1 \\ 5x+ay=-12 \end{cases}$ 의 해가 $(b, 1)$일 때, 상수 a, b의 값을 각각 구하시오.

연립방정식의 풀이 1 - 가감법

가감법 연립방정식의 두 일차방정식을 변끼리 더하거나 빼어서 한 미지수를 없앤 후 해를 구하는 방법

가감법을 이용한 연립방정식의 풀이 방법

❶ 적당한 수를 곱하여 없애려는 미지수의 계수의 절댓값이 같아지도록 한다.

❷ 두 식을 더하거나 빼어서 한 미지수를 없앤다.

❸ 구한 해를 간단한 방정식에 대입해 다른 미지수의 값을 구한다.

> 없애려는 미지수의 계수의 절댓값이 같을 때
> ┌ 부호가 같으면 ➡ 변끼리 뺀다.
> └ 부호가 다르면 ➡ 변끼리 더한다.

❶ 첫 번째 식 ×2

$$\begin{cases} 2x-\ y=4 \\ x+2y=-3 \end{cases} \xrightarrow{\times 2} \begin{cases} 4x-2y=8 \\ x+2y=-3 \end{cases}$$

y항 계수의 절댓값이 같게

❷ 더해서 y를 없애기

$$\begin{array}{r} 4x-2y=8 \\ +)\ x+2y=-3 \\ \hline 5x\quad\ =5 \\ \therefore\ x=1 \end{array}$$

❸ $x=1$을 대입

$$\begin{array}{c} 2x-y=4 \\ \uparrow \\ 1 \\ 2-y=4 \\ \therefore\ y=-2 \end{array}$$

❋ **다음 연립방정식에서 x 또는 y를 없애시오.**

01
$$\begin{cases} x+3y=5 \\ x+y=1 \end{cases} \longrightarrow \begin{array}{r} x+3y=5 \\ -)\ x+\ y=1 \\ \hline 2y=\boxed{} \end{array}$$

02
$$\begin{cases} 2x+y=-3 \\ -x-y=1 \end{cases} \longrightarrow \begin{array}{r} 2x+y=-3 \\ +)\ -x+y=1 \\ \hline x\ \ =\boxed{} \end{array}$$

03
$$\begin{cases} x-3y=4 \\ 2x+y=1 \end{cases} \begin{array}{l} \xrightarrow{\times 2} \\ \longrightarrow \end{array} \begin{array}{r} 2x-\boxed{}y=\boxed{} \\ \bigcirc\ 2x+\boxed{}y=1 \\ \hline \boxed{}y=\boxed{} \end{array}$$

04
$$\begin{cases} 3x+2y=3 \\ 2x-y=9 \end{cases} \begin{array}{l} \longrightarrow \\ \xrightarrow{\times 2} \end{array} \begin{array}{r} 3x+2y=3 \\ \bigcirc\ \boxed{}x-2y=\boxed{} \\ \hline \boxed{}x\ \ =\boxed{} \end{array}$$

❋ **다음 연립방정식을 가감법을 이용하여 푸시오.**

05
$$\begin{cases} x-y=9 & \cdots\ ㉠ \\ 3x+y=-1 & \cdots\ ㉡ \end{cases}$$

▶ ㉠+㉡을 하면

$$\begin{array}{r} x-y=9 \\ +)\ 3x+y=-1 \\ \hline 4x\ \ =\boxed{} \quad \therefore\ x=\boxed{} \end{array}$$

$x=\boxed{}$를 ㉠에 대입하면

$\boxed{}-y=9 \quad \therefore\ y=\boxed{}$

06
$$\begin{cases} 2x-y=8 \\ 2x+5y=-4 \end{cases}$$

07
$$\begin{cases} 3x+4y=-16 \\ x-4y=0 \end{cases}$$

08
$$\begin{cases} x+2y=-3 & \cdots\ \text{㉠} \\ 2x-y=9 & \cdots\ \text{㉡} \end{cases}$$

▶ ㉠×2−㉡을 하면

$$2x+4y=-6$$
$$-)\ 2x-\ y=9$$

$$\boxed{}\,y=-15 \qquad \therefore\ y=\boxed{}$$

$y=\boxed{}$을 ㉠에 대입하면

$$x-\boxed{}=-3 \qquad \therefore\ x=\boxed{}$$

09
$$\begin{cases} x-y=1 \\ 3x+2y=8 \end{cases}$$

10
$$\begin{cases} 4x+y=-14 \\ x+3y=2 \end{cases}$$

11
$$\begin{cases} 3x-5y=8 \\ -2x+y=-3 \end{cases}$$

12
$$\begin{cases} 2x+3y=4 & \cdots\ \text{㉠} \\ 3x-2y=-7 & \cdots\ \text{㉡} \end{cases}$$

▶ ㉠×2+㉡×3을 하면

$$4x+6y=8$$
$$+)\ 9x-6y=-21$$

$$\boxed{}\,x\ =-13 \qquad \therefore\ x=\boxed{}$$

$x=\boxed{}$을 ㉠에 대입하면

$$\boxed{}+3y=4 \qquad \therefore\ y=\boxed{}$$

13
$$\begin{cases} 5x+3y=12 \\ 2x+5y=1 \end{cases}$$

14
$$\begin{cases} 3x-4y=-6 \\ -4x+5y=7 \end{cases}$$

시험에는 이렇게 나온대.

15 연립방정식 $\begin{cases} 2x+5y=-1 & \cdots\ \text{㉠} \\ 4x-3y=11 & \cdots\ \text{㉡} \end{cases}$ 을 가감법을 이용하여 풀려고 한다. 다음 중 x를 없애기 위해 필요한 식은?

① ㉡−㉠   ② ㉠×2+㉡

③ ㉠×2−㉡   ④ ㉠×3+㉡×5

⑤ ㉠×3−㉡×5

대입법 연립방정식 중 한 방정식을 한 미지수에 대하여 푼 후, 그 식을 다른 일차방정식에 대입하여 해를 구하는 방법

대입법을 이용한 연립방정식의 풀이 방법

❶ 한 방정식을 한 미지수에 대하여 푼 후, 다른 방정식에 대입하여 한 미지수를 없앤다.

❷ 대입하여 만들어진 일차방정식의 해를 구한다.

❸ 구한 해를 한 미지수에 대하여 정리한 방정식에 대입하여 푼다.

❶ x 대신 $y+4$를 대입

$$\begin{cases} x-y=4 \longrightarrow x=y+4 \\ -2x+3y=-6 \end{cases}$$
대입

❷ 해 구하기

$$-2(y+4)+3y=-6$$
$$-2y-8+3y=-6$$
$$\therefore y=2$$

❸ $y=2$를 변형한 식에 대입

$$x=y+4$$
$$\uparrow$$
$$2$$
$$\therefore x=6$$

---

* **다음 연립방정식을 대입법을 이용하여 푸시오.**

01
$$\begin{cases} x=2y+1 & \cdots \ㄱ \\ 2x+3y=-5 & \cdots \ㄴ \end{cases}$$

▶ ㄱ을 ㄴ에 대입하면

$$2(\boxed{})+3y=-5$$

$$\therefore y=\boxed{}$$

$$y=\boxed{}\ 을\ ㄱ에 대입하면\ x=\boxed{}$$

02
$$\begin{cases} x=y-1 \\ 3x-y=7 \end{cases}$$

03
$$\begin{cases} y=5-2x \\ 4x-3y=5 \end{cases}$$

04
$$\begin{cases} y=-3x+1 & \cdots \ㄱ \\ y=-5x-7 & \cdots \ㄴ \end{cases}$$

▶ ㄱ을 ㄴ에 대입하면

$$\boxed{}=-5x-7$$

$$\therefore x=\boxed{}$$

$$x=\boxed{}\ 를\ ㄱ에 대입하면\ y=\boxed{}$$

05
$$\begin{cases} x=3y-4 \\ x=-2y+1 \end{cases}$$

06
$$\begin{cases} 2y=x+5 \\ 2y=5x-7 \end{cases}$$

07
$$\begin{cases} x-y=1 & \cdots \ \text{㉠} \\ 3x-2y=4 & \cdots \ \text{㉡} \end{cases}$$

▶ ㉠을 x에 대하여 풀면

$x=y+\boxed{}$ $\cdots$ ㉢

㉢을 ㉡에 대입하면

$3\left(y+\boxed{}\right)-2y=4$ $\therefore \ y=\boxed{}$

$y=\boxed{}$ 을 ㉢에 대입하면 $x=\boxed{}$

08
$$\begin{cases} x+y=2 \\ 4x+3y=-1 \end{cases}$$

09
$$\begin{cases} -2x+y=3 \\ 5x-3y=-7 \end{cases}$$

10
$$\begin{cases} x-5y=13 \\ 2x+3y=0 \end{cases}$$

11
$$\begin{cases} 7x-2y=3 \\ -4x+y=-1 \end{cases}$$

12
$$\begin{cases} x+3y=-5 \\ 2x-y=11 \end{cases}$$

13
$$\begin{cases} x-4y=7 \\ 4x-y=13 \end{cases}$$

→ 시험에는 이렇게 나온대.

14 연립방정식 $\begin{cases} x=3y-1 \\ 5x+2y=12 \end{cases}$ 를 만족시키는 x, y에 대하여 $x+y$의 값을 구하시오.

여러 가지 연립방정식의 풀이

ⓐ 복잡한 연립방정식   "복잡하게 만드는 범인을 없애자."

▶ **괄호가 있는 연립방정식**

"괄호를 어떻게 없애지?"

$$\begin{cases} x + 2y = 1 \\ 3(x + 1) - y = 5 \end{cases}$$

분배법칙을 이용하면 ➡

"분배법칙을 이용해!"

$$3(x + 1) - y = 5$$
$$\Rightarrow 3x + 3 - y = 5$$
$$\Rightarrow 3x - y = 2$$

▶ **계수가 소수인 연립방정식**

"소수를 어떻게 없애지?"

$$\begin{cases} 0.3x + 0.2y = 1 \\ 0.05x - 0.4y = 0.7 \end{cases}$$

양변에 10을 곱하면

양변에 100을 곱하면

"10의 거듭제곱을 곱해!"

$$\begin{cases} 3x + 2y = 10 \\ 5x - 40y = 70 \end{cases}$$

▶ **계수가 분수인 연립방정식**

"분수를 어떻게 없애지?"

$$\begin{cases} \dfrac{1}{4}x - y = 2 \\ \dfrac{1}{2}x + \dfrac{2}{3}y = 1 \end{cases}$$

양변에 4를 곱하면

양변에 6을 곱하면
(2와 3의 최소공배수)

"분모의 최소공배수를 곱해!"

$$\begin{cases} x - 4y = 8 \\ 3x + 4y = 6 \end{cases}$$

Ⓐ 특이한 연립방정식

▶ <u>A=B=C 꼴의 방정식 풀이</u>   "방정식이 1개뿐이라고? 잘 봐, 여러 개가 숨어 있어."

$A = B = C$ 방정식을 분리하면 3개의 방정식이 나온다.

$$\widehat{A = B} = C \qquad A = \widehat{B = C} \qquad \widehat{A =} \widehat{B =} C$$

이 방정식을 2개씩 조합하면 3가지 연립방정식을 만들 수 있는데, 그 해가 모두 같으므로 하나를 선택하여 푼다.

$$\begin{cases} A = B \\ A = C \end{cases} \qquad \begin{cases} A = B \\ B = C \end{cases} \qquad \begin{cases} A = C \\ B = C \end{cases}$$

- - -

▶ <u>해가 무수히 많은 연립방정식</u>   "두 방정식의 해가 모두 같아!"

연립방정식 중 어느 하나의 일차방정식을 등식의 성질을 이용하여 적당히 변형하였을 때,
나머지 방정식과 같아지면 연립방정식의 해는 무수히 많다.

$$\begin{cases} 2x - 3y = 4 \\ 4x - 6y = 8 \end{cases}$$

위의 식에 ×2 ⟹

$$\begin{cases} 4x - 6y = 8 \\ 4x - 6y = 8 \end{cases}$$

x, y의 계수가 같고, 상수도 같아.
두 방정식은 똑같아!

- - -

▶ <u>해가 없는 연립방정식</u>   "두 방정식의 해가 모두 달라!"

연립방정식 중 어느 하나의 일차방정식을 등식의 성질을 이용하여 적당히 변형하였을 때,
나머지 방정식과 x, y의 계수는 같지만 상수항이 다르면 연립방정식의 해는 없다.

$$\begin{cases} 2x - 3y = -1 \\ 4x - 6y = 8 \end{cases}$$

위의 식에 ×2 ⟹

$$\begin{cases} 4x - 6y = -2 \\ 4x - 6y = 8 \end{cases}$$

x, y의 계수는 같은데, 상수가 달라.
두 방정식은 공통인 해가 없어.

괄호가 있는 연립방정식

분배법칙을 이용하여 괄호를 푼 후, 동류항끼리 정리하여 푼다.

> 분배법칙 : $a(b+c)=ab+ac$
> $(a+b)c=ac+bc$

$$\begin{cases} 2x-(x-2y)=-1 \\ 2(x+y)-3y=3 \end{cases} \xrightarrow{\text{괄호 풀기}} \begin{cases} 2x-x+2y=-1 \\ 2x+2y-3y=3 \end{cases} \xrightarrow{\text{동류항 정리}} \begin{cases} x+2y=-1 \\ 2x-y=3 \end{cases} \Rightarrow \text{연립방정식 풀기}$$

✱ 다음 방정식의 괄호를 풀어 간단히 정리하시오.

01 $3(x+y)-y=10$

$\Rightarrow 3x+\boxed{}y=10$

02 $4x+2(1-y)=-3$

$\Rightarrow 4x-2y=\boxed{}$

> 괄호 앞에 ―가 있는 경우에는 부호에 주의해!

03 $7x-4(x-2y)=9$

$\Rightarrow \boxed{}x+\boxed{}y=9$

04 $2(x+y)-(5x-3y)=-8$

$\Rightarrow \boxed{}x+\boxed{}y=-8$

✱ 다음 연립방정식을 푸시오.

05 $\begin{cases} 2x+3(y-2)=1 \quad \cdots \text{㉠} \\ x-3y=-1 \quad \cdots \text{㉡} \end{cases}$

▶ ㉠의 괄호를 풀어 정리하면

$2x+3y=\boxed{} \quad \cdots \text{㉢}$

㉡+㉢을 하면

$3x=\boxed{} \qquad \therefore x=\boxed{}$

$x=\boxed{}$ 를 ㉡에 대입하면 $y=\boxed{}$

06 $\begin{cases} 2x-5y=9 \\ 2(x+3)-y=3 \end{cases}$

07 $\begin{cases} 5x-(x-y)=2 \\ 3x+2y=9 \end{cases}$

08
$$\begin{cases} 2(x-y)+3y=1 & \cdots \text{㉠} \\ 5x-3(x-2y)=6 & \cdots \text{㉡} \end{cases}$$

▶ ㉠의 괄호를 풀어 정리하면

$\boxed{}x+y=1 \quad \cdots \text{㉢}$

㉡의 괄호를 풀어 정리하면

$\boxed{}x+\boxed{}y=6 \quad \cdots \text{㉣}$

㉢$-$㉣을 하면

$-5y=\boxed{} \qquad \therefore y=\boxed{}$

$y=\boxed{}$을 ㉢에 대입하면 $x=\boxed{}$

09
$$\begin{cases} 4(x+1)+y=-2 \\ 7(x+3)-y=5 \end{cases}$$

10
$$\begin{cases} x+2(x-y)=5 \\ 6x-(3x-y)=2 \end{cases}$$

11
$$\begin{cases} 3x-4(x-y)=5 \\ 3(x+2y)-2y=17 \end{cases}$$

12
$$\begin{cases} x+4(y+1)=-7 \\ 3(x-2)-2y=3 \end{cases}$$

13
$$\begin{cases} 5(x+2y)=2(3y+5) \\ 2x-3(y-1)=7 \end{cases}$$

14
$$\begin{cases} 3(x+1)=2(1-y)-8 \\ 4(x-y)=3x-17 \end{cases}$$

→ **시험에는 이렇게 나온대.**

15 연립방정식 $\begin{cases} 2x-(x-2y)=10 \\ 5x-2(y-3)=8 \end{cases}$ 의 해가 $x=a$,

$y=b$일 때, $b-a$의 값은?

① -2 ② -1 ③ 1
④ 2 ⑤ 3

양변에 분모의 최소공배수를 곱하여 계수를 정수로 만들어 푼다.

$$\begin{cases} \dfrac{x}{4} - \dfrac{y}{2} = 1 \xrightarrow{\times 4} x-2y=4 \\ \dfrac{x}{6} + \dfrac{y}{3} = -2 \xrightarrow{\times 6} x+2y=-12 \end{cases}$$

➡ 연립방정식 풀기

---

* 다음 주어진 방정식의 양변에 분모의 최소공배수를 곱하여 계수를 정수로 만드시오.

01 $\dfrac{x}{2} + \dfrac{y}{3} = 1$

계수가 정수인 항에도 최소공배수를 꼭 곱해야 해!

➡ 양변에 [ ]을 곱한다.

➡ $3x + [\quad]y = 6$

02 $\dfrac{x}{5} - \dfrac{y}{2} = \dfrac{1}{2}$

➡ 양변에 [ ]을 곱한다.

➡ $2x - [\quad]y = 5$

03 $\dfrac{2}{3}x + \dfrac{5}{6}y = \dfrac{3}{4}$

➡ 양변에 [ ]를 곱한다.

➡ $[\quad]x + [\quad]y = 9$

* 다음 연립방정식을 푸시오.

04 $\begin{cases} \dfrac{x}{2} + \dfrac{y}{5} = 2 & \cdots ㉠ \\ 2x - y = -1 & \cdots ㉡ \end{cases}$

▶ ㉠×10을 하면

$5x + [\quad]y = [\quad]$ ···㉢

㉡×2+㉢을 하면

$9x = [\quad]$ ∴ $x = [\quad]$

$x = [\quad]$를 ㉡에 대입하면 $y = [\quad]$

05 $\begin{cases} \dfrac{x}{4} - \dfrac{y}{3} = \dfrac{1}{2} \\ 3x + 2y = -12 \end{cases}$

06 $\begin{cases} x + 6y = -5 \\ \dfrac{x}{3} - \dfrac{y}{6} = \dfrac{1}{2} \end{cases}$

07
$$\begin{cases} \dfrac{x}{2} - \dfrac{y}{3} = -2 & \cdots ㉠ \\[2mm] \dfrac{x}{3} + \dfrac{y}{4} = \dfrac{1}{12} & \cdots ㉡ \end{cases}$$

▶ ㉠×6을 하면

$3x - \boxed{}\,y = -12 \qquad \cdots ㉢$

㉡×12를 하면

$\boxed{}\,x + \boxed{}\,y = 1 \qquad \cdots ㉣$

㉢×3 + ㉣×2를 하면

$17x = \boxed{} \qquad \therefore\ x = \boxed{}$

$x = \boxed{}$를 ㉢에 대입하면 $y = \boxed{}$

08
$$\begin{cases} \dfrac{x}{2} - y = 1 \\[2mm] \dfrac{2}{3}x - \dfrac{y}{2} = 3 \end{cases}$$

09
$$\begin{cases} \dfrac{2}{3}x + \dfrac{1}{6}y = \dfrac{2}{3} \\[2mm] \dfrac{1}{5}x + \dfrac{1}{4}y = 1 \end{cases}$$

10
$$\begin{cases} \dfrac{x}{2} - \dfrac{y}{7} = \dfrac{3}{2} \\[2mm] \dfrac{x}{6} - \dfrac{y}{3} = -\dfrac{3}{2} \end{cases}$$

11
$$\begin{cases} \dfrac{x}{3} + y = -4 \\[2mm] \dfrac{x+y}{4} - \dfrac{y}{2} = -1 \end{cases}$$

12
$$\begin{cases} \dfrac{x}{2} - \dfrac{y}{5} = \dfrac{3}{10} \\[2mm] \dfrac{x}{4} = \dfrac{y+1}{8} \end{cases}$$

13
$$\begin{cases} \dfrac{x}{5} + \dfrac{7}{10}y = \dfrac{6}{5} \\[2mm] \dfrac{x}{3} - \dfrac{y-1}{2} = -\dfrac{5}{6} \end{cases}$$

시험에는 이렇게 나온대.

14 연립방정식 $\begin{cases} \dfrac{2}{5}x - \dfrac{1}{2}y = -1 \\[2mm] \dfrac{x}{3} + \dfrac{y}{4} = \dfrac{19}{6} \end{cases}$ 의 해가 일차방정식 $x + ay = 11$을 만족시킬 때, 상수 a의 값을 구하시오.

계수가 소수인 연립방정식

양변에 10의 거듭제곱을 곱하여 계수를 정수로 만들어 푼다.

$$\begin{cases} 0.2x-0.3y=1 \\ 0.2x+0.3y=-0.2 \end{cases} \xrightarrow[\times 10]{\times 10} \begin{cases} 2x-3y=10 \\ 2x+3y=-2 \end{cases}$$

➡ 연립방정식 풀기

---

* 다음 주어진 방정식의 양변에 가장 작은 **10의 거듭제곱**을 곱하여 계수를 정수로 만드시오.

01 $0.2x+0.5y=0.7$

➡ 양변에 [ ]을 곱한다.

➡ [ ]$x+$[ ]$y=7$

02 $0.1x-0.4y=1$

➡ 양변에 [ ]을 곱한다.

➡ $x-$[ ]$y=$[ ]

03 $0.03x-0.08y=-0.12$

➡ 양변에 [ ]을 곱한다.

➡ $3x-$[ ]$y=$[ ]

* 다음 연립방정식을 푸시오.

04 $\begin{cases} 0.1x+0.3y=-0.7 & \cdots ㉠ \\ 2x-3y=13 & \cdots ㉡ \end{cases}$

▶ ㉠ $\times 10$을 하면

$x+$[ ]$y=$[ ] $\cdots ㉢$

㉡$+$㉢을 하면

$3x=$[ ] $\therefore x=$[ ]

$x=$[ ]를 ㉡에 대입하면 $y=$[ ]

05 $\begin{cases} x+3y=7 \\ 0.3x-0.5y=2.1 \end{cases}$

06 $\begin{cases} 2x-y=-10 \\ 0.01x+0.05y=0.06 \end{cases}$

07 $\begin{cases} 0.1x-0.2y=0.1 & \cdots ㉠ \\ 0.2x-0.3y=0.1 & \cdots ㉡ \end{cases}$

▶ ㉠×10을 하면

$x-\boxed{}y=\boxed{}$　　$\cdots ㉢$

㉡×10을 하면

$\boxed{}x-\boxed{}y=1$　　$\cdots ㉣$

㉢×2−㉣을 하면

$-y=\boxed{}$　　$\therefore y=\boxed{}$

$y=\boxed{}$ 을 ㉢에 대입하면 $x=\boxed{}$

08 $\begin{cases} 0.4x+0.3y=3.9 \\ 0.1x-0.6y=0.3 \end{cases}$

09 $\begin{cases} 0.1x+0.2y=-0.4 \\ 0.05x+0.08y=-0.1 \end{cases}$

10 $\begin{cases} 0.03x-0.05y=-0.27 \\ 0.01x+0.08y=0.2 \end{cases}$

11 $\begin{cases} 0.3x+0.1y=0.9 & \cdots ㉠ \\ \dfrac{x}{2}-\dfrac{y}{4}=-1 & \cdots ㉡ \end{cases}$

> 계수가 분수 ➡ 분모의 최소공배수,
> 계수가 소수 ➡ 10의 거듭제곱
> 을 양변에 곱한다.

▶ ㉠×10을 하면

$\boxed{}x+y=\boxed{}$　　$\cdots ㉢$

㉡×4를 하면

$\boxed{}x-y=\boxed{}$　　$\cdots ㉣$

㉢+㉣을 하면

$5x=\boxed{}$　　$\therefore x=\boxed{}$

$x=\boxed{}$ 을 ㉢에 대입하면 $y=\boxed{}$

12 $\begin{cases} x-\dfrac{5}{6}y=\dfrac{4}{3} \\ 0.3x+0.2y=-1.4 \end{cases}$

13 $\begin{cases} \dfrac{2}{3}x-\dfrac{y}{5}=1 \\ 0.02x-0.03y=-0.09 \end{cases}$

> 시험에는 이렇게 나온대.

14 연립방정식 $\begin{cases} 0.2(x+y)-0.3y=1 \\ \dfrac{x}{2}+\dfrac{y-1}{6}=\dfrac{2}{3} \end{cases}$ 를 풀면?

① $x=-6, y=-4$　　② $x=-3, y=2$

③ $x=3, y=-2$　　④ $x=3, y=-4$

⑤ $x=6, y=4$

ACT 10 $A=B=C$ 꼴의 방정식의 풀이

다음 세 연립방정식 모두 해가 같으므로 가장 간단한 것을 택하여 푼다.

$$A = B = C \; 꼴 \Rightarrow \begin{cases} A = B \\ A = C \end{cases} \begin{cases} A = B \\ B = C \end{cases} \begin{cases} A = C \\ B = C \end{cases}$$

예 $2x+3y=x-3=4y+1$은 다음 세 연립방정식 중 하나를 택하여 푼다.

$$\begin{cases} 2x+3y=x-3 \\ 2x+3y=4y+1 \end{cases} \text{또는} \begin{cases} 2x+3y=x-3 \\ x-3=4y+1 \end{cases} \text{또는} \begin{cases} 2x+3y=4y+1 \\ x-3=4y+1 \end{cases}$$

＊ 다음 방정식을 푸시오.

> $A=B=C$ 꼴의 방정식에서 C가 상수일 때에는 $\begin{vmatrix} A=C \\ B=C \end{vmatrix}$ 를 풀자.

01 $2x-y=4x-3y=2$

▶ $\begin{cases} 2x-y=2 & \cdots \text{㉠} \\ 4x-\boxed{}y=2 & \cdots \text{㉡} \end{cases}$

㉠$\times 3-$㉡을 하면

$2x=\boxed{} \qquad \therefore x=\boxed{}$

$x=\boxed{}$ 를 ㉠에 대입하면 $y=\boxed{}$

02 $x+y=5x-y=9$

03 $4x+5y=2x+y=-3$

04 $3x-4y=x-y=-1$

05 $8x+5y=3x+2y+2=3$

06 $5x-2y+4=7x-3y=17$

07 $5x+3y=x+1=4x-y-3$

▶ $\begin{cases} 5x+3y=x+1 & \cdots ㉠ \\ x+1=4x-y-3 & \cdots ㉡ \end{cases}$

㉠을 간단히 정리하면

$4x+\boxed{}y=1$ $\cdots ㉢$

㉡을 간단히 정리하면

$3x-y=\boxed{}$ $\cdots ㉣$

㉢+㉣$\times 3$을 하면

$13x=\boxed{}$ $\quad \therefore x=\boxed{}$

$x=\boxed{}$을 ㉢에 대입하면 $y=\boxed{}$

08 $3x-2y=2x+y-1=x-3y+5$

09 $x+y-18=5x-2y=3x+4y$

10 $5x-6y-7=x-y+7=4x-3y$

11 $3(x-2)+2y=2x+y=4y-x+6$

12 $\dfrac{3x+y}{2}=\dfrac{x-y}{3}=-4$

13 $0.2x-0.1y=0.6x+0.2y=1$

시험에는 이렇게 나온대.

14 다음 방정식을 푸시오.

$$\dfrac{3x-y}{4}=\dfrac{x+1}{2}=\dfrac{2x+y}{5}$$

해가 특수한 연립방정식

연립방정식 $\begin{cases} ax+by=c \\ a'x+b'y=c' \end{cases}$ 에서 두 방정식을 적당히 변형하였을 때, x, y의 계수와 상수항이 각각 같으면 해가 무수히 많다. 또한 다음이 성립한다.

$$\frac{a}{a'} = \frac{b}{b'} = \frac{c}{c'}$$

연립방정식 $\begin{cases} ax+by=c \\ a'x+b'y=c' \end{cases}$ 에서 두 방정식을 적당히 변형하였을 때, x, y의 계수는 각각 같고 상수항이 다르면 해가 없다. 또한 다음이 성립한다.

$$\frac{a}{a'} = \frac{b}{b'} \neq \frac{c}{c'}$$

＊ 다음 연립방정식을 푸시오.

01 $\begin{cases} x+2y=5 & \cdots \text{㉠} \\ 3x+6y=15 & \cdots \text{㉡} \end{cases}$

> 연립방정식 중 하나의 방정식에 적당한 수를 곱하여 다른 방정식과 계수를 비교해 보자.

▶ ㉠×3을 하면 $3x+6y=\boxed{}$ $\cdots \text{㉢}$
이때 ㉡과 ㉢의 x, y의 계수와 상수항이 각각 같다.
따라서 구하는 연립방정식의 해가
$\boxed{}$.

02 $\begin{cases} 3x-y=5 \\ 12x-4y=20 \end{cases}$

03 $\begin{cases} 2x-4y=-6 \\ x=2y-3 \end{cases}$

04 $\begin{cases} 2x+3y=-3 & \cdots \text{㉠} \\ 6x+9y=12 & \cdots \text{㉡} \end{cases}$

▶ ㉠×$\boxed{}$을 하면 $6x+9y=\boxed{}$ $\cdots \text{㉢}$
이때 ㉡과 ㉢의 x, y의 계수는 각각 같고 상수항이 다르다.
따라서 구하는 연립방정식의 해가 $\boxed{}$.

05 $\begin{cases} x-\dfrac{3}{2}y=3 \\ 2x-3y=9 \end{cases}$

06 $\begin{cases} -x+2y=1 \\ 4x-8y=-6 \end{cases}$

* 다음 연립방정식의 해가 무수히 많을 때, 상수 a의 값을 구하시오.

07 $\begin{cases} 2x-ay=3 \\ 4x+6y=6 \end{cases}$

▶ 연립방정식의 해가 무수히 많으려면

$$\dfrac{2}{\boxed{}}=\dfrac{-a}{\boxed{}}=\dfrac{3}{6}$$

$$\therefore\ a=\boxed{}$$

08 $\begin{cases} x+3y=a \\ 3x+9y=-6 \end{cases}$

09 $\begin{cases} x-2y=-1 \\ -5x+ay=5 \end{cases}$

10 $\begin{cases} 3x-2y=5 \\ ax-8y=20 \end{cases}$

* 다음 연립방정식의 해가 없을 때, 상수 a의 값을 구하시오.

11 $\begin{cases} ax-3y=4 \\ 4x-6y=3 \end{cases}$

▶ 연립방정식의 해가 존재하지 않으려면

$$\dfrac{a}{\boxed{}}=\dfrac{-3}{-6}\ \boxed{}\ \dfrac{4}{3}$$

$$\therefore\ a=\boxed{}$$

12 $\begin{cases} x+2y=2 \\ 4x+ay=10 \end{cases}$

13 $\begin{cases} 9x+6y=2 \\ ax-2y=1 \end{cases}$

▶ 시험에는 이렇게 나온대.

14 다음 연립방정식 중 해가 <u>없는</u> 것은?

① $\begin{cases} x+y=1 \\ x-y=1 \end{cases}$ ② $\begin{cases} x-3y=2 \\ 2x-6y=4 \end{cases}$

③ $\begin{cases} 2x-y=8 \\ x-2y=-8 \end{cases}$ ④ $\begin{cases} y=1-3x \\ 3x-y=-5 \end{cases}$

⑤ $\begin{cases} -x+2y=3 \\ 3x-6y=9 \end{cases}$

유형 1　**연립방정식의 활용(1) – 수의 연산**

・**연립방정식의 활용 문제 풀이 순서**

❶ 미지수 정하기　➡ 문제의 뜻을 이해하고 구하려는 값을 미지수 x, y로 놓는다.

❷ 연립방정식 세우기　➡ 문제의 뜻에 맞게 x, y에 대한 연립방정식을 세운다.

❸ 연립방정식 풀기　➡ 연립방정식을 푼다.

❹ 확인하기　➡ 구한 해가 문제의 뜻에 맞는지 확인한다.

・**수의 연산에 대한 문제**

구하는 두 수를 x, y로 놓고 합, 차, 곱 등을 이용하여 조건에 맞게 식을 세운다.

미지수 정하기

↓
연립방정식 세우기

↓
연립방정식 풀기

↓
확인하기

---

01 서로 다른 두 자연수가 있다. 두 수의 합이 18이고 차가 8일 때, 이 두 자연수를 구하시오.

> ❶ 미지수 정하기
>
> 　큰 수를 x, 작은 수를 y로 놓는다.
>
> ❷ 연립방정식 세우기
>
> $$\begin{cases} x+y=\boxed{} \\ x-y=\boxed{} \end{cases}$$
>
> ❸ 연립방정식 풀기
>
> 　❷에서 세운 연립방정식을 풀면
>
> 　$x=\boxed{}$, $y=\boxed{}$
>
> 　따라서 두 수는 $\boxed{}$, $\boxed{}$ 이다.
>
> ❹ 확인하기
>
> 　두 수가 $\boxed{}$, $\boxed{}$ 일 때, 두 수의 합은 18이고 차는 8이므로 문제의 뜻에 맞는다.

---

02 두 수의 합이 27이고 큰 수가 작은 수의 2배이다. 큰 수를 x, 작은 수를 y라고 할 때, 다음 물음에 답하시오.

⑴ x, y에 대한 연립방정식을 세우시오.

⑵ ⑴에서 세운 연립방정식을 풀어 두 수를 구하시오.

---

03 두 수의 차가 12이고 작은 수의 3배에서 큰 수를 빼면 4가 된다고 한다. 큰 수를 x, 작은 수를 y라고 할 때, 다음 물음에 답하시오.

⑴ x, y에 대한 연립방정식을 세우시오.

⑵ ⑴에서 세운 연립방정식을 풀어 두 수를 구하시오.

십의 자리의 숫자가 x, 일의 자리의 숫자가 y인 두 자리 자연수에 대하여

❶ 처음 수 ➡ $10x+y$

❷ 십의 자리의 숫자와 일의 자리의 숫자를 바꾼 수 ➡ $10y+x$

Skill 십의 자리의 숫자 x가 나타내는 수는 $10×x=10x$야. 처음 수를 xy로 쓰지 않도록 주의해!

04 두 자리 자연수가 있다. 이 수의 각 자리의 숫자의 합은 7이고, 십의 자리의 숫자와 일의 자리의 숫자를 바꾼 수는 처음 수보다 9만큼 작다고 한다. 처음 수의 십의 자리의 숫자를 x, 일의 자리의 숫자를 y라고 할 때, 다음 물음에 답하시오.

(1) 각 자리의 숫자의 합이 7임을 이용하여 방정식을 세우시오.

(2) 십의 자리의 숫자와 일의 자리의 숫자를 바꾼 수는 처음 수보다 9만큼 작음을 이용하여 방정식을 세우시오.

▶ 원래의 수 : $10x+\boxed{}$

바꾼 수 : $\boxed{}y+x$

∴ $\boxed{}y+x=(10x+\boxed{})\boxed{}9$

(3) (1), (2)에서 연립방정식을 세우시오.

(4) (3)에서 세운 연립방정식을 푸시오.

(5) 처음 두 자리 자연수를 구하시오.

05 두 자리 자연수가 있다. 이 수의 각 자리의 숫자의 합은 8이고, 십의 자리의 숫자와 일의 자리의 숫자를 바꾼 수는 처음 수보다 18만큼 크다고 한다. 처음 수의 십의 자리의 숫자를 a, 일의 자리의 숫자를 b라고 할 때, 다음 물음에 답하시오.

(1) a, b에 대한 연립방정식을 세우시오.

(2) (1)에서 세운 연립방정식을 풀어 처음 두 자리 자연수를 구하시오.

06 두 자리 자연수가 있다. 이 수의 각 자리의 숫자의 합은 6이고, 십의 자리의 숫자와 일의 자리의 숫자를 바꾼 수는 처음 수의 2배에서 6을 뺀 것과 같다고 한다. 처음 수의 십의 자리의 숫자를 x, 일의 자리의 숫자를 y라고 할 때, 다음 물음에 답하시오.

(1) x, y에 대한 연립방정식을 세우시오.

(2) (1)에서 세운 연립방정식을 풀어 처음 두 자리 자연수를 구하시오.

유형 1 연립방정식의 활용(3) - 개수

다리가 a개인 동물이 x마리, 다리가 b개인 동물이 y마리 있으면 '개수'로 방정식을 세운다.
$$\begin{cases} x+y=(\text{전체 동물의 수}) \\ ax+by=(\text{전체 다리의 수}) \end{cases}$$

01 마당에 고양이와 닭이 총 10마리가 있는데 고양이와 닭의 다리 수의 합이 28개이다. 고양이가 x마리, 닭이 y마리 있다고 할 때, 다음 물음에 답하시오.

(1) (고양이의 수)＋(닭의 수)＝10임을 이용하여 방정식을 세우시오.

(2) (고양이의 다리 수)＋(닭의 다리 수)＝28임을 이용하여 방정식을 세우시오.

▶ 고양이의 다리 수 : $4x$

  닭의 다리 수 : $\boxed{}\,y$

  ∴ $4x+\boxed{}\,y=28$

(3) (1), (2)에서 연립방정식을 세우시오.

(4) (3)에서 세운 연립방정식을 푸시오.

(5) 고양이와 닭의 수를 각각 구하시오.

02 오리와 돼지가 총 13마리가 있는데 오리와 돼지의 다리 수의 합이 36개이다. 오리가 x마리, 돼지가 y마리 있다고 할 때, 다음 물음에 답하시오.

(1) x, y에 대한 연립방정식을 세우시오.

(2) (1)에서 세운 연립방정식을 풀어 오리와 돼지의 수를 각각 구하시오.

03 주차장에 자동차와 자전거를 합하여 15대가 주차되어 있는데 자동차와 자전거의 바퀴의 수의 합이 42개이다. 자동차가 x대, 자전거가 y대 있다고 할 때, 다음 물음에 답하시오. (단, 자전거의 바퀴의 수는 2개이다.)

(1) x, y에 대한 연립방정식을 세우시오.

(2) (1)에서 세운 연립방정식을 풀어 자동차와 자전거의 수를 각각 구하시오.

A, B 한 개의 가격을 알 때, 전체 개수와 전체 가격이 주어지면 '개수'와 '가격'으로 각각 방정식을 세운다.

➡ $\begin{cases} (\text{A의 개수}) + (\text{B의 개수}) = (\text{전체 개수}) \longleftarrow \text{'개수'로 방정식 세우기} \\ (\text{A의 전체 가격}) + (\text{B의 전체 가격}) = (\text{전체 가격}) \longleftarrow \text{'가격'으로 방정식 세우기} \end{cases}$

---

04 100원짜리 지우개와 500원짜리 볼펜을 모두 합하여 8개를 샀더니 2400원이었다. 지우개를 x개, 볼펜을 y개 샀다고 할 때, 다음 물음에 답하시오.

(1) (지우개의 개수) + (볼펜의 개수) = 8임을 이용하여 방정식을 세우시오.

(2) (지우개의 총 금액) + (볼펜의 총 금액) = 2400 임을 이용하여 방정식을 세우시오.

　▶ 지우개의 총 금액 : $100x$

　　볼펜의 총 금액 : $\boxed{}y$

　　∴ $100x + \boxed{}y = 2400$

(3) (1), (2)에서 연립방정식을 세우시오.

(4) (3)에서 세운 연립방정식을 푸시오.

(5) 지우개와 볼펜의 개수를 각각 구하시오.

---

05 300원짜리 사탕과 800원짜리 초콜릿을 모두 합하여 10개를 샀더니 4500원이었다. 사탕을 x개, 초콜릿을 y개 샀다고 할 때, 다음 물음에 답하시오.

(1) x, y에 대한 연립방정식을 세우시오.

(2) (1)에서 세운 연립방정식을 풀어 사탕과 초콜릿의 개수를 각각 구하시오.

---

06 떡볶이 3인분과 순대 1인분의 가격은 10500원이고 떡볶이 2인분과 순대 3인분의 가격은 14000원이다. 떡볶이 1인분의 가격을 x원, 순대 1인분의 가격을 y원이라고 할 때, 다음 물음에 답하시오.

(1) x, y에 대한 연립방정식을 세우시오.

(2) (1)에서 세운 연립방정식을 풀어 떡볶이 1인분과 순대 1인분의 가격을 각각 구하시오.

유형 1 **연립방정식의 활용(5) - 나이**

두 사람의 나이를 각각 x살, y살로 놓고 나이에 대한 연립방정식을 세운다.

$(x-a)$살 ← a년 전 — 현재 x살 — b년 후 → $(x+b)$살

01 현재 아버지와 아들의 나이의 합은 67살이고, 16년 후에 아버지의 나이는 아들의 나이의 2배가 된다고 한다. 현재 아버지의 나이를 x살, 아들의 나이를 y살이라고 할 때, 다음 물음에 답하시오.

(1) (현재 아버지의 나이) + (현재 아들의 나이)
  = 67임을 이용하여 방정식을 세우시오.

(2) (16년 후 아버지의 나이) = (16년 후 아들의 나이) × 2임을 이용하여 방정식을 세우시오.
  ▶ 16년 후 아버지의 나이 : $x+16$
    16년 후 아들의 나이 : $y+\boxed{}$
    ∴ $x+16 = \boxed{}(y+\boxed{})$

(3) (1), (2)에서 연립방정식을 세우시오.

(4) (3)에서 세운 연립방정식을 푸시오.

(5) 현재 아버지의 나이와 아들의 나이를 각각 구하시오.

02 현재 어머니와 딸의 나이의 합은 62살이고, 10년 전에는 어머니의 나이가 딸의 나이의 5배였다고 한다. 현재 어머니의 나이를 x살, 딸의 나이를 y살이라고 할 때, 다음 물음에 답하시오.

(1) x, y에 대한 연립방정식을 세우시오.

(2) (1)에서 세운 연립방정식을 풀어 현재 어머니의 나이와 딸의 나이를 각각 구하시오.

03 현재 삼촌의 나이는 지성이의 나이의 3배이고, 12년 후에는 삼촌의 나이가 지성이의 나이의 2배가 된다고 한다. 현재 삼촌의 나이를 x살, 지성이의 나이를 y살이라고 할 때, 다음 물음에 답하시오.

(1) x, y에 대한 연립방정식을 세우시오.

(2) (1)에서 세운 연립방정식을 풀어 현재 삼촌의 나이와 지성이의 나이를 각각 구하시오.

연립방정식의 활용(6) – 도형

도형의 넓이나 둘레의 길이를 구하는 공식을 이용하여 연립방정식을 세운다.

❶ (직사각형의 둘레의 길이)＝2×{(가로의 길이)＋(세로의 길이)}

❷ (직사각형의 넓이)＝(가로의 길이)×(세로의 길이)

❸ (사다리꼴의 넓이)＝$\frac{1}{2}$×{(윗변의 길이)＋(아랫변의 길이)}×(높이)

04 가로의 길이가 세로의 길이보다 2 cm 더 긴 직사각형의 둘레의 길이가 32 cm이다. 직사각형의 가로의 길이를 x cm, 세로의 길이를 y cm라고 할 때, 다음 물음에 답하시오.

(1) (가로의 길이)＝(세로의 길이)＋2임을 이용하여 방정식을 세우시오.

(2) 직사각형의 둘레의 길이가 32 cm임을 이용하여 방정식을 세우시오.

▶ (직사각형의 둘레의 길이)

＝2×{(가로의 길이)＋(세로의 길이)}

∴ $2(x+\boxed{})=\boxed{}$

(3) (1), (2)에서 연립방정식을 세우시오.

(4) (3)에서 세운 연립방정식을 푸시오.

(5) 직사각형의 가로의 길이와 세로의 길이를 각각 구하시오.

05 가로의 길이가 세로의 길이의 2배인 직사각형의 둘레의 길이가 24 cm이다. 직사각형의 가로의 길이를 x cm, 세로의 길이를 y cm라고 할 때, 다음 물음에 답하시오.

(1) x, y에 대한 연립방정식을 세우시오.

(2) (1)에서 세운 연립방정식을 풀어 직사각형의 가로의 길이와 세로의 길이를 각각 구하시오.

(3) 직사각형의 넓이를 구하시오.

06 아랫변의 길이가 윗변의 길이보다 4 cm 더 긴 사다리꼴의 높이가 6 cm이고 넓이가 42 cm²이다. 사다리꼴의 윗변의 길이를 x cm, 아랫변의 길이를 y cm라고 할 때, 다음 물음에 답하시오.

(1) x, y에 대한 연립방정식을 세우시오.

(2) (1)에서 세운 연립방정식을 풀어 사다리꼴의 윗변의 길이와 아랫변의 길이를 각각 구하시오.

유형 1 　**연립방정식의 활용(7) - 증가와 감소**

x에서 $a\%$ 증가할 때 증가한 후의 양

$$x + \frac{a}{100}x = \left(1 + \frac{a}{100}\right)x$$

증가량

x에서 $b\%$ 감소할 때 감소한 후의 양

$$x - \frac{b}{100}x = \left(1 - \frac{b}{100}\right)x$$

감소량

01 작년 어느 학교의 학생은 500명이었는데 올해에는 남학생이 10 % 증가하고, 여학생이 5 % 감소하여 전체적으로 11명이 증가하였다. 작년의 남학생 수를 x명, 작년의 여학생 수를 y명이라고 할 때, 다음 물음에 답하시오.

(1) (작년의 남학생 수) + (작년의 여학생 수)
　＝500임을 이용하여 방정식을 세우시오.

(2) (증가한 남학생 수) − (감소한 여학생 수) ＝ 11
　임을 이용하여 방정식을 세우시오.

▶ 증가한 남학생 수 : $\dfrac{10}{100}x$

　감소한 여학생 수 : $\dfrac{\boxed{}}{100}y$

　∴ $\dfrac{10}{100}x - \dfrac{\boxed{}}{100}y = \boxed{}$

(3) (1), (2)에서 연립방정식을 세우시오.

(4) (3)에서 세운 연립방정식을 푸시오.

(5) 작년의 남학생 수와 여학생 수를 각각 구하시오.

02 작년 어느 학교의 학생은 1000명이었는데 올해에는 남학생이 4 % 증가하고, 여학생이 6 % 감소하여 전체적으로 5명이 감소하였다. 작년의 남학생 수를 x명, 작년의 여학생 수를 y명이라고 할 때, 다음 물음에 답하시오.

(1) x, y에 대한 연립방정식을 세우시오.

(2) (1)에서 세운 연립방정식을 풀어 작년의 남학생 수와 여학생 수를 각각 구하시오.

(올해의 남학생 수)
＝(작년의 남학생 수) + (증가한 남학생 수)

(3) 올해의 남학생 수를 구하시오.

▶ 작년의 남학생 수가 $\boxed{}$명이고,

　증가한 남학생 수가

　$\dfrac{4}{100} \times \boxed{} = \boxed{}$(명)이므로

　올해의 남학생 수는

　$\boxed{} + \boxed{} = \boxed{}$(명)

❶ 전체 일의 양을 1로 놓는다.

❷ 한 사람이 단위 시간 동안 할 수 있는 일의 양을 각각 미지수 x, y로 놓고 연립방정식을 세운다.

Skill   누가 며칠, 몇 시간 동안 일을 하던지 무조건 전체 일의 양을 1로 놓자!

> 물의 양에 대한 문제는 일의 양에 대한 문제와 같은 방법으로 해결해.
> 물이 가득 차 있을 때의 물의 양을 1로 놓고 연립방정식을 세우자.

03 A가 4일 동안 일한 다음 B가 8일 동안 일하여 끝낼 수 있는 일을 A가 6일 동안 일한 다음 B가 4일 동안 일하여 끝냈다. A, B가 하루에 할 수 있는 일의 양을 각각 x, y라 하고 전체 일의 양을 1이라고 할 때, 다음 물음에 답하시오.

(1) (A가 4일 동안 한 일의 양)
　　　＋(B가 8일 동안 한 일의 양)＝1
임을 이용하여 방정식을 세우시오.

▶ A가 4일 동안 한 일의 양 : $4x$

    B가 8일 동안 한 일의 양 : ☐

    ∴ $4x+$ ☐ ＝ ☐

(2) (A가 6일 동안 한 일의 양)
　　　＋(B가 4일 동안 한 일의 양)＝1
임을 이용하여 방정식을 세우시오.

(3) (1), (2)에서 연립방정식을 세우시오.

(4) (3)에서 세운 연립방정식을 푸시오.

(5) A가 이 일을 혼자 하면 일을 끝내는 데 며칠이 걸리는지 구하시오.

04 어떤 물탱크에 물을 가득 채우려고 한다. A호스로 2시간 동안 채운 후 B호스로 3시간 동안 채우거나 A호스로 1시간 동안 채운 후 B호스로 6시간 동안 채우면 물을 가득 채울 수 있다. A, B 두 호스로 1시간 동안 채울 수 있는 물의 양을 각각 x, y라 하고 물탱크에 물이 가득 차 있을 때의 물의 양을 1이라고 할 때, 다음 물음에 답하시오.

(1) (A호스로 2시간 동안 채운 물의 양)
　　　＋(B호스로 3시간 동안 채운 물의 양)＝1
임을 이용하여 방정식을 세우시오.

▶ A호스로 2시간 동안 채운 물의 양 : $2x$

    B호스로 3시간 동안 채운 물의 양 : ☐

    ∴ $2x+$ ☐ ＝ ☐

(2) (A호스로 1시간 동안 채운 물의 양)
　　　＋(B호스로 6시간 동안 채운 물의 양)＝1
임을 이용하여 방정식을 세우시오.

(3) (1), (2)에서 연립방정식을 세우시오.

(4) (3)에서 세운 연립방정식을 푸시오.

(5) B호스만으로 물탱크를 가득 채우려면 몇 시간이 걸리는지 구하시오.

유형 1   연립방정식의 활용(9) - 거리, 속력, 시간

A km인 거리를 x km는 시속 a km로 가고, 나머지 y km는 시속 b km로 가는 데 k시간이 걸리면

$$\begin{cases} (\text{시속 } a \text{ km로 간 거리}) + (\text{시속 } b \text{ km로 간 거리}) = A \\ (\text{시속 } a \text{ km로 간 시간}) + (\text{시속 } b \text{ km로 간 시간}) = k \end{cases} \Rightarrow \begin{cases} x + y = A \quad \longleftarrow \text{ '거리'로 방정식 세우기} \\ \dfrac{x}{a} + \dfrac{y}{b} = k \quad \longleftarrow \text{ '시간'으로 방정식 세우기} \end{cases}$$

Skill 거리, 속력, 시간이 주어졌을 때는 연립방정식을 $\begin{cases} (\text{거리에 대한 일차방정식}) \\ (\text{시간에 대한 일차방정식}) \end{cases}$ 으로 세워야 해.

각각의 단위가 다를 때는 먼저 단위부터 통일해야 한다는 것을 잊지 말자.

01 집에서 5 km 떨어진 학교까지 가는데 처음에는 시속 3 km로 걷다가 늦을 것 같아서 도중에 시속 6 km로 달렸더니 총 1시간이 걸렸다. 걸어간 거리를 x km, 달려간 거리를 y km라고 할 때, 다음 물음에 답하시오.

(1) (걸어간 거리) + (달려간 거리) = 5임을 이용하여 방정식을 세우시오.

(2) (걸어간 시간) + (달려간 시간) = 1임을 이용하여 방정식을 세우시오.

▶ (걸어간 시간)$=\dfrac{x}{3}$, (달려간 시간)$=\dfrac{y}{\boxed{}}$

∴ $\dfrac{x}{3} + \dfrac{y}{\boxed{}} = \boxed{}$

(3) (1), (2)에서 연립방정식을 세우시오.

(4) (3)에서 세운 연립방정식을 풀어 걸어간 거리와 달려간 거리를 각각 구하시오.

02 등산을 하는데 올라갈 때는 시속 2 km로 걷고, 내려올 때는 올라갈 때보다 2 km 더 짧은 길을 시속 3 km로 걸었더니 총 6시간이 걸렸다. 올라간 거리를 x km, 내려온 거리를 y km라고 할 때, 다음 물음에 답하시오.

(1) (내려온 거리) = (올라간 거리) − 2임을 이용하여 방정식을 세우시오.

(2) (올라갈 때 걸린 시간) + (내려올 때 걸린 시간) = 6임을 이용하여 방정식을 세우시오.

(3) (1), (2)에서 연립방정식을 세우시오.

(4) (3)에서 세운 연립방정식을 풀어 올라간 거리와 내려온 거리를 각각 구하시오.

농도가 다른 두 소금물을 섞는 경우

a %의 소금물 x g과 b %의 소금물 y g을 섞은 소금물 A g의 농도가 c %이면

$$\begin{cases} x+y=A \quad \longleftarrow \text{소금물의 양} \\ \dfrac{a}{100}x+\dfrac{b}{100}y=\dfrac{c}{100}A \quad \longleftarrow \text{소금의 양} \end{cases}$$

물을 더 넣거나 증발시키는 경우

a %의 소금물 x g에 물 y g을 더 넣은 소금물 A g의 농도가 c %이면

$$\begin{cases} x+y=A \quad \longleftarrow \text{소금물의 양} \\ \dfrac{a}{100}x=\dfrac{c}{100}A \quad \longleftarrow \text{소금의 양} \end{cases}$$

Skill 소금물 문제는 연립방정식을 $\begin{cases} (\text{소금물의 양에 대한 일차방정식}) \\ (\text{소금의 양에 대한 일차방정식}) \end{cases}$ 으로 세워야 하지.

소금물에 물을 더 넣거나 증발시키면 소금물의 양은 변하지만 소금의 양은 변하지 않아.

---

03 4 %의 소금물과 8 %의 소금물을 섞어서 5 %의 소금물 200 g을 만들려고 한다. 4 %의 소금물의 양을 x g, 8 %의 소금물의 양을 y g이라고 할 때, 다음 물음에 답하시오.

(1) (4 %의 소금물의 양)＋(8 %의 소금물의 양) ＝200임을 이용하여 방정식을 세우시오.

(2) (4 %의 소금물에 들어 있는 소금의 양) ＋(8 %의 소금물에 들어 있는 소금의 양) ＝(5 %의 소금물에 들어 있는 소금의 양)임을 이용하여 방정식을 세우시오.

▶ 소금의 양

4 %의 소금물 x g : $\dfrac{4}{100}x$

8 %의 소금물 y g : $\dfrac{\boxed{}}{100}y$

5 %의 소금물 200 g : $\dfrac{5}{100}\times\boxed{}$

∴ $\dfrac{4}{100}x+\dfrac{\boxed{}}{100}y=\dfrac{5}{100}\times\boxed{}$

(3) (1), (2)에서 연립방정식을 세우시오.

(4) (3)에서 세운 연립방정식을 풀어 4 %와 8 %의 소금물의 양을 각각 구하시오.

04 소금물 A를 100 g, 소금물 B를 200 g 섞으면 8 %의 소금물이 되고, 소금물 A를 200 g, 소금물 B를 100 g 섞으면 10 %의 소금물이 된다. 소금물 A의 농도를 x %, 소금물 B의 농도를 y %라고 할 때, 다음 물음에 답하시오.

(1) (A 소금물 100 g에 들어 있는 소금의 양) ＋(B 소금물 200 g에 들어 있는 소금의 양) ＝(8 %의 소금물 300 g에 들어 있는 소금의 양)임을 이용하여 방정식을 세우시오.

(2) (A 소금물 200 g에 들어 있는 소금의 양) ＋(B 소금물 100 g에 들어 있는 소금의 양) ＝(10 %의 소금물 300 g에 들어 있는 소금의 양)임을 이용하여 방정식을 세우시오.

(3) (1), (2)에서 연립방정식을 세우시오.

(4) (3)에서 세운 연립방정식을 풀어 소금물 A의 농도와 소금물 B의 농도를 각각 구하시오.

01 다음 중 미지수가 2개인 일차방정식이 <u>아닌</u> 것은?

① $x-2y=7$ ② $y=3x$

③ $x^2+6x=x^2-y$ ④ $5y=3(1-x)$

⑤ $2(x-y)=5-2y$

02 다음 중 일차방정식 $2x-y=5$의 해를 모두 고르면? (정답 2개)

① $(-1, 3)$ ② $(0, -5)$

③ $(2, -2)$ ④ $(3, 1)$

⑤ $(4, 2)$

03 x, y가 자연수일 때, 일차방정식 $x+3y=10$의 해의 개수를 구하시오.

04 일차방정식 $4x-ay+5=0$의 한 해가 $(-2, 3)$일 때, 상수 a의 값을 구하시오.

05 다음 연립방정식 중 $(3, 1)$을 해로 갖는 것은?

① $\begin{cases} x+y=4 \\ x-y=-2 \end{cases}$ ② $\begin{cases} x+2y=5 \\ x-2y=0 \end{cases}$

③ $\begin{cases} x-y=2 \\ 3x+y=10 \end{cases}$ ④ $\begin{cases} 2x-y=4 \\ x+3y=6 \end{cases}$

⑤ $\begin{cases} 2x+3y=9 \\ 5x-4y=10 \end{cases}$

06 연립방정식 $\begin{cases} 2x+ay=6 \\ bx-3y=5 \end{cases}$의 해가 $(1, -2)$일 때, 상수 a, b의 값을 각각 구하시오.

✻ 다음 연립방정식을 가감법을 이용하여 푸시오. (07~08)

07 $\begin{cases} x+y=-3 \\ 2x+3y=-4 \end{cases}$

08 $\begin{cases} 3x-5y=7 \\ 5x+3y=-11 \end{cases}$

✻ 다음 연립방정식을 대입법을 이용하여 푸시오. (09~10)

09 $\begin{cases} x=1-2y \\ 3x+2y=-1 \end{cases}$

10 $\begin{cases} 2y=x-7 \\ 2y=-3x+5 \end{cases}$

＊다음 연립방정식을 푸시오. (11~13)

11 $\begin{cases} 3(x+1)-y=11 \\ 5x-(x-2y)=14 \end{cases}$

12 $\begin{cases} \dfrac{x}{3}+\dfrac{y}{2}=1 \\ \dfrac{x}{4}+\dfrac{y}{2}=\dfrac{3}{2} \end{cases}$

13 $\begin{cases} 0.2x-0.3y=1.7 \\ 0.01x+0.03y=-0.05 \end{cases}$

＊다음 방정식을 푸시오. (14~15)

14 $5x+4y=x+2y=3$

15 $3x-4y+4=x+2y+8=5x+y$

16 다음 연립방정식 중 해가 무수히 많은 것은?

① $\begin{cases} x-y=2 \\ x+y=2 \end{cases}$ ② $\begin{cases} x-3y=1 \\ x-6y=2 \end{cases}$

③ $\begin{cases} x+2y=1 \\ 4x+8y=-4 \end{cases}$ ④ $\begin{cases} 2x-6y=-4 \\ x=3y-2 \end{cases}$

⑤ $\begin{cases} 3x+4y=-1 \\ 4x+3y=1 \end{cases}$

17 연립방정식 $\begin{cases} ax-y=-2 \\ 6x-2y=3 \end{cases}$ 의 해가 없을 때, 상수 a의 값을 구하시오.

18 두 수의 차가 25이고 큰 수를 작은 수로 나누면 몫이 4, 나머지가 1이다. 이때 두 수를 구하시오.

19 현재 누나와 동생의 나이의 합은 33살이고, 12년 전의 누나의 나이는 동생의 나이의 2배였다고 한다. 현재 누나의 나이를 구하시오.

20 집에서 8 km 떨어진 도서관에 가는데 처음에는 자전거를 타고 시속 10 km로 가다가 자전거가 고장나서 시속 5 km로 달렸더니 총 1시간이 걸렸다. 자전거를 타고 간 거리는 몇 km인지 구하시오.

스도쿠 게임

* 게임 규칙

❶ 모든 가로줄, 세로줄에 각각 1에서 9까지의 숫자를 겹치지 않게 배열한다.

❷ 가로, 세로 3칸씩 이루어진 9칸의 격자 안에도 1에서 9까지의 숫자를 겹치지 않게 배열한다.

2	3		4		5			9
		9	6		7	1		
	4					2	5	
	5		2		4		6	
8				5				3
	7		3		8		1	
	1			7			2	
	8	1			2	3		
7				9		3		1

7	2	5	9	3	8	6	4	1
9	6	3	2	4	1	8	6	5
8	2	9	6	5	3	1	7	4
6	9	1	5	8	6	3	4	7
3	9	4	1	5	2	7	8	6
7	6	8	4	9	2	1	5	3
6	5	2	3	8	7	4	1	9
2	3	7	7	2	9	6	8	5
9	8	5	7	1	5	4	6	3

Chapter V

일차함수와 그래프

keyword

함수, 함숫값, 함수의 그래프, 일차함수,

기울기, x절편, y절편, 평행과 일치

Ⅴ 함수의 뜻

"함수는 자동판매기계다."

함수는 x를 입력하면 y가 출력되는 기계다.

"버튼을 누르면 음료수가 나오는 자판기 = 입력하면 출력되는 함수기계"

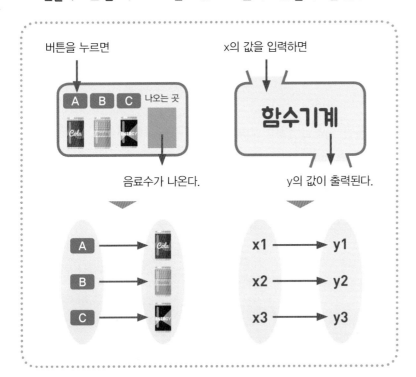

버튼을 누르면

x의 값을 입력하면

A B C 나오는 곳

함수기계

음료수가 나온다.

y의 값이 출력된다.

A ⟶ Cola
B ⟶ Soda
C ⟶ ENERGY

x1 ⟶ y1
x2 ⟶ y2
x3 ⟶ y3

함수

두 변수 x, y에 대하여 x의 값이 변함에 따라 y의 값이 하나씩 정해지는 대응 관계가 있을 때, y를 x에 대한 함수라 한다.

기호로 $y = f(x)$라고 나타낸다.

"버튼 하나에 반드시 음료수 하나가 나와야 한다. = 함수의 원리"

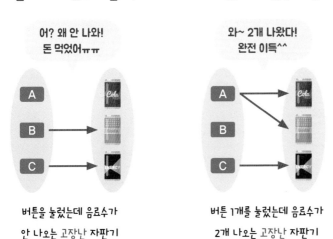

어? 왜 안 나와!
돈 먹었어ㅠㅠ

와~ 2개 나왔다!
완전 이득^^

A
B
C

A
B
C

버튼을 눌렀는데 음료수가
안 나오는 고장난 자판기

버튼 1개를 눌렀는데 음료수가
2개 나오는 고장난 자판기

함수는 반드시 하나의 입력물에
하나의 결과만 나와야 한다.
결과가 안 나오거나 2개 나오는
고장난 자판기는 함수가 아니다.

Ⅴ 함수의 이해 "x가 함수기계를 통과하면 y로 바뀐다."

x를 함수식 f(x)에 넣어서 계산한 결과 값이 y다.

▶ <u>함수식</u> "함수 f(x)는 무엇을 만드는 기계인지 나타내는 식이야."

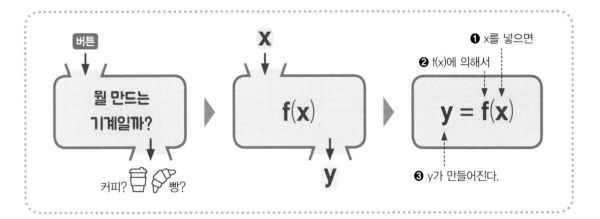

▶ <u>함숫값</u> "함숫값 y는 함수기계에서 나오는 결과야."

함수 $f(x) = x + 1$ 에서　x를 1 큰 수로 만드는 함수기계야.

$x = 1$ 일 때, $f(1) = 1 + 1$ ➡ $y = 2$

$x = 2$ 일 때, $f(2) = 2 + 1$ ➡ $y = 3$

$x = 3$ 일 때, $f(3) = 3 + 1$ ➡ $y = 4$

함수 y = f(x)에서 x의 값에 따라 하나씩 정해지는 y의 값 f(x)를 x에 대한 함숫값이라 한다.

┈┈ 함숫값 ┈┈

다른 나라 말로 알아보는 함수의 뜻

▶ 函數(상자 함, 셀 수)

'함(函)'은 '상자'라는 뜻입니다. 함수라는 상자에 어떤 수를 넣으면 상자 안의 작동에 따라 새로운 수로 바뀌어 나오게 됩니다. 쉽게 말해 입력과 출력이 있는 '기계 상자'예요.

▶ function(기능)

y = f(x)에서 f는 function의 첫 글자입니다. 컴퓨터의 기능 키(function-key)인 F1, F2, …를 떠올려 보면 쉬워요. 프로그래밍에서 함수는 어떤 특정한 기능을 하는 명령어들을 묶어놓은 것을 말합니다.

함수

두 변수 x, y에 대하여 x의 값이 변함에 따라 y의 값이 하나씩 정해지는 관계가 있을 때, y를 x의 함수라고 한다.

주의 x의 값이 변함에 따라 y의 값이 정해지지 않거나 두 개 이상 정해지면 함수가 아니다.

예 한 개에 200원인 사탕 x개의 가격 y원

x(개)	1	2	3	4	⋯
y(원)	200	400	600	800	⋯

➡ x의 값이 변함에 따라 y의 값이 하나씩 정해지므로 y는 x의 함수이다.

함수의 관계식

정비례	$y = ax\,(a \neq 0)$

➡ x의 값이 2배, 3배, ⋯로 변할 때, y의 값도 2배, 3배, ⋯로 변한다.

반비례	$y = \dfrac{a}{x}\,(a \neq 0)$

➡ x의 값이 2배, 3배, ⋯로 변할 때, y의 값은 $\dfrac{1}{2}$배, $\dfrac{1}{3}$배, ⋯로 변한다.

일차식	$y = ax + b\,(a \neq 0,\ a,\ b$는 상수$)$

뒤에서 배울 거야.
ACT 19!

---

* 다음 표를 완성하고, y가 x의 함수인 것은 ○표, 함수가 아닌 것은 ×표를 하시오.

01 자연수 x보다 2만큼 큰 수 y (　　　)

x	1	2	3	4	⋯
y	3	4			⋯

> x의 값이 변함에 따라 y의 값이 두 개 이상 정해지는 경우야.

02 자연수 x의 약수 y (　　　)

x	1	2	3	4	⋯
y	1	1, 2			⋯

03 자연수 x보다 작은 홀수 y (　　　)

x	1	2	3	4	⋯
y	없다.				⋯

04 자연수 x의 약수의 개수 y (　　　)

x	1	2	3	4	⋯
y					⋯

05 하루에 10개씩 x일 동안 외운 영어 단어의 개수 y개 (　　　)

x(일)	1	2	3	4	⋯
y(개)					⋯

06 12 L들이 물통에 매분 x L씩 물을 넣을 때, 물통이 가득 찰 때까지 걸리는 시간 y분 (　　　)

x(L)	1	2	3	4	⋯
y(분)					⋯

* 한 개에 25 g인 쿠키 x개의 무게를 y g이라고 할 때, 다음 물음에 답하시오.

07 표를 완성하시오.

x(개)	1	2	3	4	⋯
y(g)					⋯

08 y는 x의 함수인가? _____

09 y를 x에 대한 식으로 나타내시오.

_____

* 시속 3 km로 x시간 동안 걸은 거리를 y km라고 할 때, 다음 물음에 답하시오.

10 표를 완성하시오.

x(시간)	1	2	3	4	⋯
y(km)					⋯

11 y는 x의 함수인가? _____

12 y를 x에 대한 식으로 나타내시오.

_____

* 넓이가 36 cm²인 직사각형의 가로의 길이를 x cm, 세로의 길이를 y cm라고 할 때, 다음 물음에 답하시오.

13 표를 완성하시오.

x(cm)	1	2	3	4	⋯
y(cm)					⋯

14 y는 x에 대한 함수인가? _____

15 y를 x에 대한 식으로 나타내시오.

_____

* 다음 중 y가 x에 대한 함수인 것은 ○표, 함수가 아닌 것은 ×표를 하시오.

16 자연수 x를 4배 한 수 y (   )

17 자연수 x의 배수 y (   )

18 오리 x마리의 다리의 개수 y개 (   )

19 키가 x cm인 사람의 몸무게 y kg

(   )

20 $y=5x$ (   )

21 $y=\dfrac{2}{x}$ (   )

▶ 시험에는 이렇게 나온대.

22 다음 중 y가 x의 함수가 아닌 것은?

① 정수 x의 절댓값 y
② 자연수 x를 3으로 나눈 나머지 y
③ 자연수 x보다 작은 소수 y
④ 한 변의 길이가 x cm인 정사각형의 둘레의 길이 y cm
⑤ 귤 20개를 x명의 학생들에게 똑같이 나누어 줄 때, 한 학생이 갖게 되는 귤의 개수 y개

함수의 표현

y가 x의 함수일 때, 기호로 $y=f(x)$와 같이 나타낸다.

㉠ 함수 $y=f(x)$에 대하여 $y=3x$ ➡ $f(x)=3x$

$$y=f(x)$$

함숫값

함수 $y=f(x)$에서 x의 값에 따라 하나씩 정해지는 y의 값,

즉 $f(x)$를 x의 함숫값이라고 한다.

㉠ 함수 $f(x)=3x$에서 x의 값이 1, 2일 때

$x=1$이면 함숫값 $f(1)=3\times1=3$
$x=2$이면 함숫값 $f(2)=3\times2=6$

1, 2
$f(x)=3x$

$f(1)=3\times1=3$
$f(2)=3\times2=6$

---

* 함수 $f(x)=4x$에 대하여 다음 함숫값을 구하시오.

01 $f(2)=4\times\boxed{}=\boxed{}$

02 $f(-1)=4\times(\boxed{})=\boxed{}$

> 음수를 대입할 때에는 괄호를 이용해!

03 $f(0)$

04 $f(-3)$

05 $f\left(\dfrac{1}{2}\right)$

06 $f\left(-\dfrac{3}{4}\right)$

* 함수 $f(x)=\dfrac{12}{x}$에 대하여 다음 함숫값을 구하시오.

07 $f(1)$

08 $f(-2)$

09 $f(3)$

10 $f(-4)$

11 $f(6)$

12 $f(-12)$

* 다음 함수 $f(x)$에 대하여 $f(5)$의 값을 구하시오.

13   $f(x)=2x$

14   $f(x)=-\dfrac{1}{5}x$

15   $f(x)=\dfrac{10}{x}$

16   $f(x)=-x+1$

* 다음 함수 $f(x)$에 대하여 $f(-3)$의 값을 구하시오.

17   $f(x)=-5x$

18   $f(x)=\dfrac{2}{3}x$

19   $f(x)=-\dfrac{9}{x}$

20   $f(x)=2x-3$

* 한 권에 700원인 공책 x권의 가격을 y원이라고 할 때, 다음 물음에 답하시오.

21   y는 x의 함수인가?   _____

22   $y=f(x)$라고 할 때, $f(x)$를 구하시오.

$$f(x)=\underline{\hspace{5cm}}$$

23   $f(6)$의 값을 구하시오.

* 6 L의 물을 x명이 똑같이 나누어 마실 때, 한 사람이 마시는 물의 양을 y L라고 한다. 다음 물음에 답하시오.

24   y는 x의 함수인가?   _____

25   $y=f(x)$라고 할 때, $f(x)$를 구하시오.

$$f(x)=\underline{\hspace{5cm}}$$

26   $f(2)$의 값을 구하시오.

→ 시험에는 이렇게 나온대.

27   함수 $f(x)=-3x$에 대하여 $2f(-1)+f(2)$의 값은?

① -3 ② 0 ③ 1

④ 3 ⑤ 6

일차함수

Ⅴ 일차함수와 그래프

"함수는 그래프를 그릴 수 있어."

함수의 순서쌍 (x, y)를 좌표평면 위에 모두 나타내면 그래프가 된다.

▶ 일차함수

"뭐가 일차? x가 일차!"

$$y = ax + b$$

x의 일차식

함수 y = f(x)에서
  y = ax + b (a, b는 상수, a≠0)
와 같이 y가 x의 일차식으로 나타날 때,
이 함수를 x에 대한 **일차함수**라고 한다.

▶ 일차함수의 그래프

"일차함수의 모양은? 직선!"

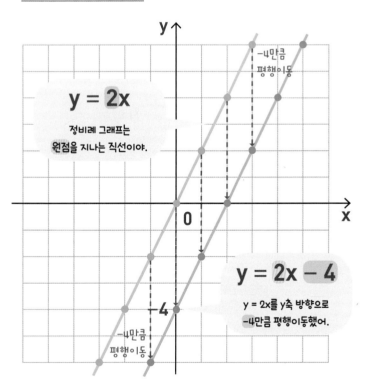

y = 2x

정비례 그래프는
원점을 지나는 직선이야.

−4만큼
평행이동

y = 2x − 4

y = 2x를 y축 방향으로
−4만큼 평행이동했어.

−4만큼
평행이동

평행이동

한 도형을 일정한 방향으로 일정한 거리
만큼 이동하는 것. 이동한 거리가 다르면
모양이 바뀌니 주의한다.

일차함수의 그래프

일차함수 y = ax + b (a≠0)의 그래프는
y = ax의 그래프를 y축 방향으로 b만큼
평행이동한 직선이다.

Ⓥ 그래프와 절편 "그래프와 축이 만났어."

x=0이거나 y=0일 때 그래프와 축은 서로 만난다.

▶ x절편과 y절편 "절편은 떡이 아니야. 축이 그래프를 절단하는 점이야."

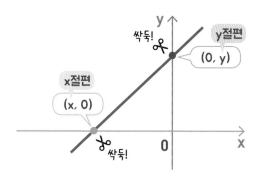

x절편

함수의 그래프가 x축과 만나는 점의 좌표

➡ y=0일 때 x의 값

y절편

함수의 그래프가 y축과 만나는 점의 좌표

➡ x=0일 때 y의 값

참고 x절편과 y절편은 순서쌍이 아니다.

▶ 절편을 이용하여 그래프 그리기 "두 점만 알면 직선을 그릴 수 있어."

일차함수 y=x+3에서

❶ x절편 구하기

➡ y=0을 대입한다.

➡ 0=x+3, x=−3

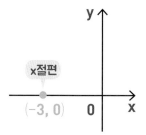

❷ y절편 구하기

➡ x=0을 대입한다.

➡ y=0+3, y=3

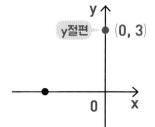

❸ 두 점을 직선으로 잇기

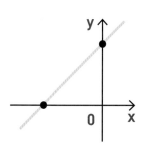

일차식, 일차방정식, 일차부등식, 일차함수

ax + b	➡	x에 대한 일차식
ax + b = 0	➡	x에 대한 일차방정식
ax + b > 0	➡	x에 대한 일차부등식
ax + b = y	➡	x에 대한 일차함수

비슷해 보여도 다 달라.
방정식은 함수 중에서 y = 0인
경우로 볼 수도 있어.

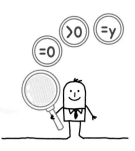

일차함수

함수 $y=f(x)$에서 y가 x에 대한 일차식, 즉

$$y=ax+b \ (a, b는 상수, a\neq 0)$$

와 같이 나타날 때, 이 함수를 x에 대한 일차함수라고 한다.

예 $y=x+3$, $y=-2x$, $y=\dfrac{1}{4}x-1$ ➡ x에 대한 일차함수이다.

$y=x^2-1$, $y=\dfrac{3}{x}$, $y=6$ ➡ x에 대한 일차함수가 아니다.

이차식　　　　일차항의 계수가 0

분모에 미지수

$$y=ax+b$$

x에 대한 일차식

＊ 다음 중 **y가 x에 대한 일차함수**인 것은 ○표, 일차함수
가 아닌 것은 ×표를 하시오.

01 $y=5x$ ( )

02 $y=-\dfrac{1}{x}$ ( )

03 $4x-y+7=0$ ( )

> y항은 좌변으로, 나머지 항은 우변으로 이항하여
> 정리한 후 $y=(x$에 대한 일차식$)$인지 알아봐.

04 $y=x^2+x$ ( )

05 $xy=10$ ( )

06 $y=\dfrac{x-2}{3}$ ( )

07 $y=-2$ ( )

08 $2x+1=0$ ( )

09 $\dfrac{y}{x}=7$ ( )

10 $x^2+y=x^2-x+1$ ( )

* **두 변수 x와 y 사이의 관계가 다음과 같을 때 y를 x에 대한 식으로 나타내고, 일차함수인 것은 ○표, 일차함수가 아닌 것은 ×표를 하시오.**

11 올해 x세인 병주의 5년 후의 나이 y세

$y=$ _____   (   )

12 한 변의 길이가 x cm인 정사각형의 넓이 y cm²

_____   (   )

13 전체 100쪽인 책을 x쪽 읽고 남은 쪽수 y쪽

_____   (   )

14 한 개에 60 g인 물건 x개의 무게 y g

_____   (   )

15 시속 x km로 5 km의 거리를 달릴 때, 걸리는 시간 y시간

_____   (   )

16 한 자루에 800원인 볼펜 x자루를 사고 5000원을 내었을 때의 거스름돈 y원

_____   (   )

* **다음 중 y가 x에 대한 일차함수인 것은 ○표, 일차함수가 아닌 것은 ×표를 하시오.**

17 한 개에 900원인 음료수 x개의 가격 y원

(   )

18 떡 50개를 x명의 학생들에게 똑같이 나누어 줄 때, 한 학생이 갖게 되는 떡의 개수 y개

(   )

19 길이가 30 cm인 끈을 x cm 사용하고 남은 길이 y cm

(   )

20 넓이가 14 cm²이고 밑변의 길이가 x cm인 삼각형의 높이 y cm

(   )

21 하루 중 낮의 길이가 x시간일 때, 밤의 길이 y시간

(   )

22 100원짜리 동전 3개와 50원짜리 동전 x개를 합친 금액 y원

(   )

→ **시험에는 이렇게 나온대.**

23 다음 중 y가 x에 대한 일차함수인 것을 모두 고르면? (정답 2개)

① $y=1$ ② $y=-4+x$
③ $y=x(x+1)$ ④ $2x+y=y-x+5$
⑤ $y=3x^2-x(3x-2)$

일차함수 $y=ax(a\neq0)$의 그래프 ····· 중1에서 이미 배운 정비례 그래프야. 다시 한 번 복습하자.

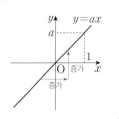

$a>0$

① 오른쪽 위로 향한다.

② 제1사분면과
   제3사분면을 지난다.

③ x의 값이 증가하면
   y의 값도 증가한다.

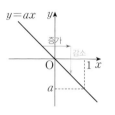

$a<0$

① 오른쪽 아래로 향한다.

② 제2사분면과
   제4사분면을 지난다.

③ x의 값이 증가하면
   y의 값은 감소한다.

참고 $y=ax$의 그래프는 a의 절댓값이 클수록 y축에 가깝고, a의 절댓값이 작을수록 x축에 가깝다.

두 점을 이용하여 그래프 그리기

일차함수 $y=ax+b(a\neq0)$의 그래프는 그래프 위의 두 점을 좌표평면 위에 나타낸 후 직선으로 연결하여 그릴 수 있다.

01 일차함수 $y=2x$에 대하여 표를 완성하고, 주어진 x의 값에 맞게 좌표평면 위에 그래프를 그리시오.

x	$\cdots$	-2	-1	0	1	2	$\cdots$
y	$\cdots$						$\cdots$

(1) x의 값 : $-2, -1, 0, 1, 2$

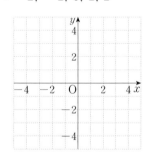

(2) x의 값 : 수 전체

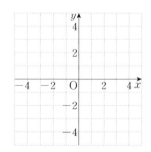

02 일차함수 $y=-\dfrac{1}{2}x$에 대하여 표를 완성하고, 주어진 x의 값에 맞게 좌표평면 위에 그래프를 그리시오.

x	$\cdots$	-4	-2	0	2	4	$\cdots$
y	$\cdots$						$\cdots$

(1) x의 값 : $-4, -2, 0, 2, 4$

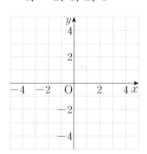

(2) x의 값 : 수 전체

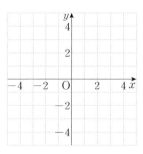

* 다음 일차함수의 그래프가 지나는 두 점의 좌표를 구하고, 이를 이용하여 좌표평면 위에 x의 값이 수 전체인 그래프를 그리시오.

03 $y=x+2$

① $x=0$일 때, $y=\boxed{}$

② $x=1$일 때, $y=\boxed{}$

③ 두 점을 좌표평면 위에 나타낸 후 직선으로 연결한다.

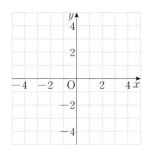

04 $y=-2x+3$

➡ $(0,\ \boxed{}\ ),\ (1,\ \boxed{}\ )$

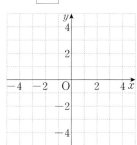

05 $y=4x-2$

➡ $(0,\ \boxed{}\ ),\ (1,\ \boxed{}\ )$

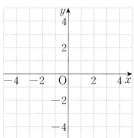

06 $y=-3x-4$

➡ $(0,\ \boxed{}\ ),\ (-2,\ \boxed{}\ )$

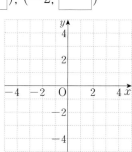

두 점의 좌표가 정수가 되도록 하는 점을 구하는 것이 그래프를 그릴 때 편리해.

07 $y=\dfrac{1}{2}x-1$

➡ $(0,\ \boxed{}\ ),\ (2,\ \boxed{}\ )$

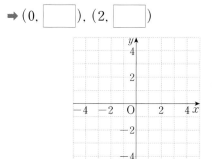

시험에는 이렇게 나온대.

08 일차함수 $y=-5x$의 그래프에 대한 설명으로 옳지 <u>않은</u> 것은?

① 원점을 지나는 직선이다.

② x의 값이 증가하면 y의 값은 감소한다.

③ 제2사분면과 제4사분면을 지난다.

④ 점 $(-1,\ -5)$를 지난다.

⑤ $y=-4x$의 그래프보다 y축에 가깝다.

일차함수의 그래프의 평행이동

스피드 정답 : 05쪽
친절한 풀이 : 24쪽

평행이동 한 도형을 일정한 방향으로 일정한 거리만큼 옮기는 것

일차함수 $y=ax+b\ (a\neq0)$의 그래프

일차함수 $y=ax+b$의 그래프는 $y=ax$의 그래프를 y축의 방향으로 b만큼 평행이동한 직선이다.

$$y=ax \xrightarrow[\text{b만큼 평행이동}]{\text{y축의 방향으로}} y=ax+b$$

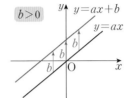

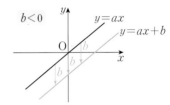

예 $y=2x$의 그래프 $\xrightarrow[\text{5만큼 평행이동}]{\text{y축의 방향으로}}$ $y=2x+5$

＊ 세 일차함수 $y=x$, $y=x+3$, $y=x-1$에 대하여 다음 물음에 답하시오.

01 표를 완성하고, □ 안에 알맞은 것을 쓰시오.

x	$\cdots$	-2	-1	0	1	2	$\cdots$
$y=x$	$\cdots$	-2	-1				$\cdots$
$y=x+3$	$\cdots$			3			$\cdots$
$y=x-1$	$\cdots$				0		$\cdots$

(1) $y=x \xrightarrow[\boxed{}\text{만큼 평행이동}]{\text{y축의 방향으로}} y=x+3$

(2) $y=x \xrightarrow[\boxed{}\text{만큼 평행이동}]{\text{y축의 방향으로}} y=x-1$

02 x의 값의 범위가 수 전체일 때, 세 일차함수의 그래프를 좌표평면 위에 그리시오.

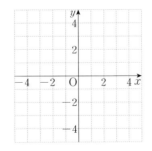

＊ 세 일차함수 $y=-2x$, $y=-2x+1$, $y=-2x-2$에 대하여 다음 물음에 답하시오.

03 표를 완성하고, □ 안에 알맞은 것을 쓰시오.

x	$\cdots$	-2	-1	0	1	2	$\cdots$
$y=-2x$	$\cdots$			0	-2		$\cdots$
$y=-2x+1$	$\cdots$	5					$\cdots$
$y=-2x-2$	$\cdots$					-6	$\cdots$

(1) $y=-2x \xrightarrow[\boxed{}\text{만큼 평행이동}]{\text{y축의 방향으로}} y=-2x+1$

(2) $y=-2x \xrightarrow[\boxed{}\text{만큼 평행이동}]{\text{y축의 방향으로}} y=-2x-2$

04 x의 값의 범위가 수 전체일 때, 세 일차함수의 그래프를 좌표평면 위에 그리시오.

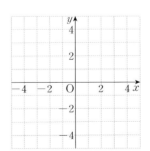

※ 다음 그래프를 보고 물음에 답하시오.

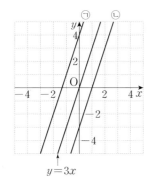

$y=3x$

05 ㉠, ㉡의 그래프는 일차함수 $y=3x$의 그래프를 y축의 방향으로 각각 얼마만큼 평행이동한 것인지 구하시오.

06 ㉠, ㉡의 그래프가 나타내는 일차함수의 식을 각각 구하시오.

※ 다음 그래프를 보고 물음에 답하시오.

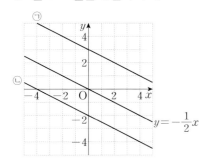

$y=-\dfrac{1}{2}x$

07 ㉠, ㉡의 그래프는 일차함수 $y=-\dfrac{1}{2}x$의 그래프를 y축의 방향으로 각각 얼마만큼 평행이동한 것인지 구하시오.

08 ㉠, ㉡의 그래프가 나타내는 일차함수의 식을 각각 구하시오.

※ 다음 일차함수의 그래프를 y축의 방향으로 [ ] 안의 수만큼 평행이동한 그래프가 나타내는 일차함수의 식을 구하시오.

09 $y=5x$ [-2]

10 $y=-3x$ [5]

11 $y=\dfrac{3}{4}x$ [1]

12 $y=-\dfrac{2}{5}x$ [-3]

13 $y=x-4$ [4]

> $y=ax+b$의 그래프를
> y축의 방향으로 c만큼 평행이동한
> 그래프가 나타내는 식은
> $y=ax+b+c$

14 $y=-2x+1$ [-6]

◢ 시험에는 이렇게 나온대.

15 일차함수 $y=ax-3$의 그래프를 y축의 방향으로 5만큼 평행이동하였더니 일차함수 $y=4x+b$의 그래프가 되었다. 이때 상수 a, b에 대하여 $a+b$의 값을 구하시오.

일차함수의 그래프의 x절편과 y절편

스피드 정답 : 05쪽
친절한 풀이 : 24쪽

x절편 일차함수의 그래프가 x축과 만나는 점의 x좌표 ➡ $y=ax+b$에서 $y=0$일 때, x의 값

y절편 일차함수의 그래프가 y축과 만나는 점의 y좌표 ➡ $y=ax+b$에서 $x=0$일 때, y의 값

일차함수 $y=ax+b$의 그래프에서 $\begin{cases} x절편 : -\dfrac{b}{a} \\ y절편 : b \end{cases}$

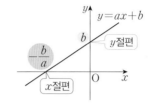

＊ **주어진 일차함수의 그래프를 보고 다음을 구하시오.**

01

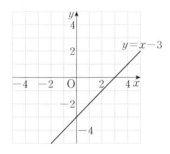

(1) x축과의 교점의 좌표

(2) x절편

(3) y축과의 교점의 좌표

(4) y절편

02

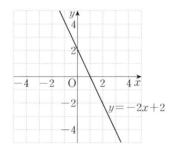

(1) x축과의 교점의 좌표

(2) x절편

(3) y축과의 교점의 좌표

(4) y절편

＊ **다음 일차함수의 그래프를 보고 x절편과 y절편을 각각 구하시오.**

03

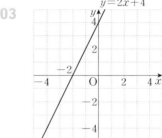

x절편 _____

y절편 _____

04

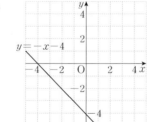

x절편 _____

y절편 _____

05

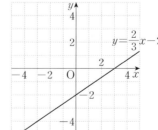

x절편 _____

y절편 _____

* 다음 일차함수의 그래프의 x절편과 y절편을 각각 구하시오.

06 $y=x+5$ x절편 _____

        y절편 _____

   ▶ $y=0$일 때, $0=x+5$ $\therefore x=\boxed{}$

    $x=0$일 때, $y=0+5$ $\therefore y=\boxed{}$

07 $y=-x-1$ x절편 _____

         y절편 _____

08 $y=3x-9$ x절편 _____

        y절편 _____

09 $y=-2x+8$ x절편 _____

         y절편 _____

10 $y=5x+10$ x절편 _____

         y절편 _____

11 $y=-4x-4$ x절편 _____

         y절편 _____

12 $y=\dfrac{1}{2}x-1$ x절편 _____

         y절편 _____

13 $y=-\dfrac{1}{5}x+2$ x절편 _____

         y절편 _____

14 $y=\dfrac{2}{3}x+4$ x절편 _____

         y절편 _____

15 $y=-\dfrac{3}{4}x-3$ x절편 _____

         y절편 _____

➔ **시험에는 이렇게 나온대.**

16 일차함수 $y=-3x+6$의 그래프에서 x절편을 a, y절편을 b라고 할 때, $b-a$의 값은?

  ① 1   ② 2   ③ 3

  ④ 4   ⑤ 5

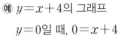

ACT 23 x절편과 y절편을 이용한 일차함수의 그래프

스피드 정답 : 05쪽
친절한 풀이 : 24쪽

❶ x절편과 y절편을 구한다.

❷ x축, y축과 만나는 두 점을 좌표평면 위에 나타낸다.

❸ 좌표평면 위의 두 점을 직선으로 연결한다.

예 $y=x+4$의 그래프
$y=0$일 때, $0=x+4$
∴ $x=-4$ → x절편 : -4
$x=0$일 때, $y=0+4$
∴ $y=4$ → y절편 : 4

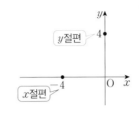

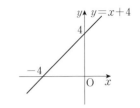

---

* x절편과 y절편이 각각 다음과 같은 일차함수의 그래프를 그리시오.

> x절편과 y절편이 주어진 경우에는 지나는 두 점을 좌표평면 위에 나타낸 후 직선으로 연결만 하면 돼.

01 x절편 : 1, y절편 : -3

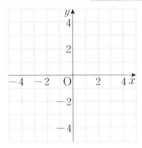

▶ x절편이 1, y절편이 -3이므로 이 일차함수의 그래프는 두 점 (☐, 0), (0, ☐)을 지난다. 따라서 두 점을 좌표평면 위에 나타낸 후 직선으로 연결한다.

02 x절편 : 4, y절편 : 2

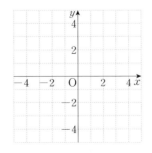

03 x절편과 y절편을 이용하여 일차함수 $y=\dfrac{1}{3}x+1$의 그래프를 그리시오.

▶ ① $y=0$일 때, $0=\dfrac{1}{3}x+1$

∴ $x=$ ☐

$x=0$일 때, $y=\dfrac{1}{3}\times0+1$

∴ $y=$ ☐

② x절편이 ☐, y절편이 ☐이므로 일차함수 $y=\dfrac{1}{3}x+1$의 그래프는 두 점 (☐, 0), (0, ☐)을 지난다.

③ 두 점을 좌표평면 위에 나타낸 후 직선으로 연결한다.

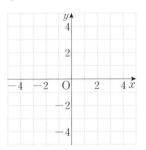

＊ 다음 일차함수의 그래프의 x절편과 y절편을 각각 구하고, 이를 이용하여 그래프를 그리시오.

04 $y=x-1$

x절편 _____ , y절편 _____

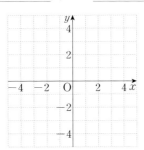

05 $y=-2x-4$

x절편 _____ , y절편 _____

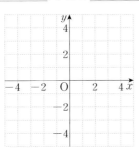

06 $y=3x+3$

x절편 _____ , y절편 _____

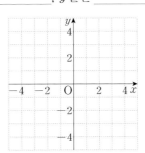

07 $y=\dfrac{5}{2}x-5$

x절편 _____ , y절편 _____

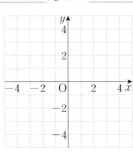

08 $y=-\dfrac{1}{4}x+1$

x절편 _____ , y절편 _____

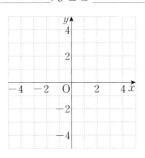

→ 시험에는 이렇게 나온대.

09 다음 중 일차함수 $y=-\dfrac{1}{2}x-3$의 그래프는?

①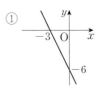
②

③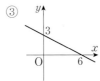
④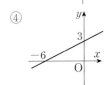

⑤

일차함수의 그래프의 기울기 1

일차함수 $y=ax+b$의 그래프에서
x의 값의 증가량에 대한 y의 값의 증가량의 비율은
항상 일정하고, 그 비율은 x의 계수 a와 같다.
이때 a를 $y=ax+b$의 그래프의 기울기라고 한다.

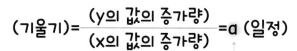

$$(기울기)=\frac{(y의\ 값의\ 증가량)}{(x의\ 값의\ 증가량)}=a\ (일정)$$

x의 계수

㉘ 일차함수 $y=2x-1$에 대하여

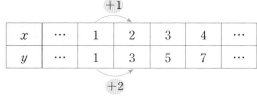

x	$\cdots$	1	2	3	4	$\cdots$
y	$\cdots$	1	3	5	7	$\cdots$

➡ $(기울기)=\dfrac{(y의\ 값의\ 증가량)}{(x의\ 값의\ 증가량)}=\dfrac{3-1}{2-1}=2$

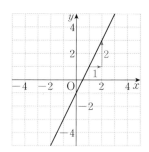

＊ 다음 일차함수에 대하여 표를 완성하고, 그래프의 기울기를 구하시오.

> $y=ax+b$에서 기울기는 a라는 걸 쉽게 알 수 있지만 그 의미를 이해하도록 해.

01 $y=3x+1$

x	$\cdots$	0	1	2	3	$\cdots$
y	$\cdots$	1				$\cdots$

▶ $y=3x+1$에서 x의 값이 0에서 1로 1만큼 증가할 때, y의 값은 1에서 ☐로 ☐만큼 증가한다.

∴ $(기울기)=\dfrac{(y의\ 값의\ 증가량)}{(x의\ 값의\ 증가량)}$

$=\dfrac{\boxed{}-1}{1-0}=\dfrac{\boxed{}}{1}=\boxed{}$

02 $y=-x+2$

x	$\cdots$	0	1	2	3	$\cdots$
y	$\cdots$	2				$\cdots$

03 $y=4x-3$

x	$\cdots$	0	1	2	3	$\cdots$
y	$\cdots$					$\cdots$

04 $y=-2x+5$

x	$\cdots$	0	1	2	3	$\cdots$
y	$\cdots$					$\cdots$

05 $y=-\dfrac{1}{2}x-2$

x	$\cdots$	0	2	4	6	$\cdots$
y	$\cdots$					$\cdots$

＊ 다음 일차함수의 그래프를 보고 기울기를 구하시오.

06

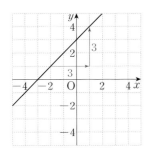

▶ (기울기) = $\dfrac{(y의\ 값의\ 증가량)}{(x의\ 값의\ 증가량)}$

$= \dfrac{\boxed{}}{3} = \boxed{}$

07

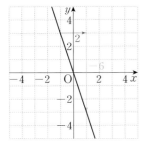

▶ (기울기) = $\dfrac{(y의\ 값의\ 증가량)}{(x의\ 값의\ 증가량)}$

$= \dfrac{\boxed{}}{2} = \boxed{}$

08

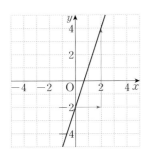

09

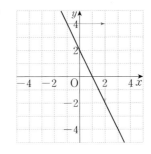

10

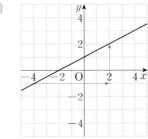

11

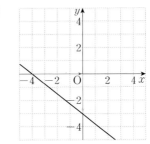

시험에는 이렇게 나온대.

12 오른쪽 그림과 같은 일차함수
의 그래프에서 기울기, x절
편, y절편을 각각 구하시오.

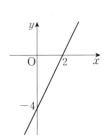

일차함수의 그래프의 기울기 2

x의 증가량이 주어졌을 때 y의 증가량

일차함수 $y=ax+b$에서

x의 값의 증가량이 c일 때 그래프의 기울기는 a이므로

$$\frac{(y의\ 값의\ 증가량)}{c}=a \Rightarrow (y의\ 값의\ 증가량)=a\times c$$

예 $y=-2x+1$에서 x의 값의 증가량이 3이면

$$\frac{(y의\ 값의\ 증가량)}{3}=-2$$

$$\Rightarrow (y의\ 값의\ 증가량)=(-2)\times 3=-6$$

두 점이 주어졌을 때 그래프의 기울기

그래프가 두 점 (x_1, y_1), (x_2, y_2)을 지날 때

$$(기울기)=\frac{(y의\ 값의\ 증가량)}{(x의\ 값의\ 증가량)}=\frac{y_2-y_1}{x_2-x_1}$$

$\frac{y_1-y_2}{x_1-x_2}$로 계산해도 결과는 같아.

✻ 다음 일차함수에 대하여 x의 값의 증가량이 2일 때, y의 값의 증가량을 구하시오.

01 $y=x-2$

▶ $\dfrac{(y의\ 값의\ 증가량)}{2}=\boxed{}$

∴ $(y의\ 값의\ 증가량)=\boxed{}$

02 $y=-3x+4$

03 $y=2x+7$

04 $y=-5x-1$

✻ 다음 일차함수에 대하여 x의 값이 1에서 5까지 증가할 때, y의 값의 증가량을 구하시오.

05 $y=4x+1$

▶ $\dfrac{(y의\ 값의\ 증가량)}{5-1}=\dfrac{(y의\ 값의\ 증가량)}{4}$

$=\boxed{}$

∴ $(y의\ 값의\ 증가량)=\boxed{}$

06 $y=-x-6$

07 $y=\dfrac{1}{2}x-3$

08 $y=-\dfrac{5}{4}x+2$

* 다음 두 점을 지나는 일차함수의 그래프의 기울기를 구하시오.

09 $(-1, 1), (2, 7)$

$\blacktriangleright$ (기울기)$= \dfrac{\boxed{} - \boxed{}}{2-(-1)} = \dfrac{\boxed{}}{3} = \boxed{}$

10 $(0, 3), (2, 1)$

11 $(1, -4), (5, 8)$

12 $(-2, 9), (1, -3)$

13 $(1, 3), (7, 6)$

14 $(-3, -8), (2, -3)$

15 $(3, 0), (5, -4)$

16 $(-4, -8), (4, -2)$

17 $(-6, 5), (3, -1)$

> 시험에는 이렇게 나온대.

18 다음 일차함수 중 x의 값이 -1에서 2까지 증가할 때, y의 값은 9만큼 감소하는 것은?

① $y = -3x + 2$ ② $y = -2x + 5$

③ $y = -\dfrac{1}{3}x + 1$ ④ $y = 2x - 3$

⑤ $y = 3x - 1$

기울기와 y절편을 이용한 일차함수의 그래프

스피드 정답 : 06쪽
친절한 풀이 : 26쪽

❶ y절편을 이용하여 y축과 만나는 한 점을 좌표평면 위에 나타낸다.

❷ 기울기를 이용하여 그래프가 지나는 다른 한 점을 찾는다.

❸ 좌표평면 위의 두 점을 직선으로 연결한다.

예 $y=\dfrac{1}{2}x+1$의 그래프

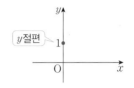
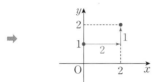
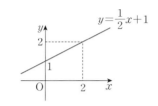

---

* 기울기와 y절편이 각각 다음과 같은 일차함수의 그래프를 그리시오.

01 기울기 : 1
y절편 : -2

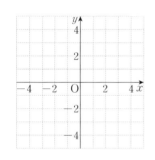

▶ ① y절편이 -2이므로 이 일차함수의 그래프는 점 $(0,\ -2)$를 지난다.
② 또 기울기가 1이므로 점 $(0,\ -2)$에서 x의 값이 1만큼 증가할 때 y의 값은 □만큼 증가한다.
즉, 점 ($\boxed{}$, $\boxed{}$)을 지난다.
③ 두 점을 좌표평면 위에 나타낸 후 직선으로 연결한다.

02 기울기 : -2
y절편 : 3

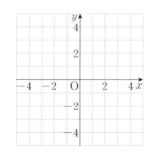

03 기울기와 y절편을 이용하여 일차함수 $y=-\dfrac{2}{3}x+1$의 그래프를 그리시오.

▶ ① y절편이 □이므로 점 $(0,\ \boxed{})$을 지난다.
② 기울기는 □이므로 점 $(0,\ \boxed{})$에서 x의 값이 3만큼 증가할 때 y의 값은 □만큼 감소한다.
즉, 점 ($\boxed{}$, $\boxed{}$)을 지난다.
③ 두 점을 좌표평면 위에 나타낸 후 직선으로 연결한다.

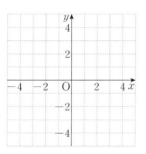

* 다음 일차함수의 그래프의 기울기와 y절편을 각각 구하고, 이를 이용하여 그래프를 그리시오.

04 $y=2x-1$ 먼저 기울기와 y절편을 구해야 해.

기울기 _____, y절편 _____

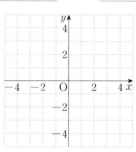

05 $y=-3x+4$

기울기 _____, y절편 _____

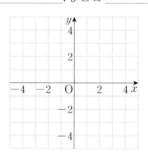

06 $y=-x-2$

기울기 _____, y절편 _____

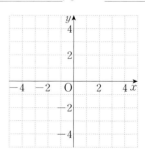

07 $y=\dfrac{3}{4}x+1$

기울기 _____, y절편 _____

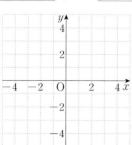

08 $y=-\dfrac{1}{2}x+3$

기울기 _____, y절편 _____

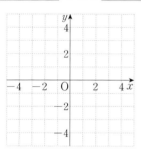

→ **시험에는 이렇게 나온다.**

09 기울기와 y절편을 이용하여 일차함수 $y=\dfrac{1}{4}x-3$의 그래프를 그렸을 때, 이 그래프가 지나지 <u>않는</u> 사분면은?

① 제1사분면   ② 제2사분면

③ 제3사분면   ④ 제4사분면

⑤ 제3사분면, 제4사분면

유형 1 **함숫값이 주어졌을 때, 미지수의 값 구하기**

함수 $f(x)$에 대하여 $f(a)=b$이면 ➡ $f(x)$에 x 대신 a를 대입하여 얻은 값이 b이다.

즉, 함수 $y=f(x)$에 대하여 $f(●)=$ ▦ 이면 ➡ $y=f(x)$에 x 대신 ●, y 대신 ▦를 대입한다.

Skill

함수 $f(x)=5x$에 대하여 $f(a)=10$이면? $f(a)=10$ ➡ $5a=10$ ∴ $a=2$

$f(a)=10$은 $f(x)$에 x 대신 a를 대입하여 얻은 값이 10이라는 의미야.

해가 주어지면 일단 대입부터 하자.

---

01 함수 $f(x)=-2x$에 대하여 다음을 만족시키는 상수 a의 값을 구하시오.

(1) $f(a)=6$

(2) $f(a)=-10$

---

02 함수 $f(x)=\dfrac{6}{x}$에 대하여 다음을 만족시키는 상수 a의 값을 구하시오.

(1) $f(a)=-3$

(2) $f(a)=1$

---

03 함수 $f(x)=3x-1$에 대하여 $f(a)=8$일 때, 상수 a의 값을 구하시오.

---

04 함수 $f(x)=ax$에 대하여 다음을 만족시키는 상수 a의 값을 구하시오.

(1) $f(2)=8$

(2) $f(-6)=3$

---

05 함수 $f(x)=\dfrac{a}{x}$에 대하여 다음을 만족시키는 상수 a의 값을 구하시오.

(1) $f(-4)=-2$

(2) $f(3)=-5$

---

06 함수 $f(x)=ax+2$에 대하여 $f(1)=7$일 때, 상수 a의 값을 구하시오.

점 (p, q)가 일차함수 $y=ax+b$의 그래프 위의 점이다. ➡ $x=p$, $y=q$를 $y=ax+b$에 대입
➡ $q=ap+b$

㉾ 일차함수 $y=x+5$의 그래프가 점 $(a, 3)$을 지나면 ➡ $x=a$, $y=3$을 $y=x+5$에 대입
➡ $3=a+5$ ∴ $a=-2$

> $y=ax$의 그래프를 y축의 방향으로
> b만큼 평행이동한 식은 $y=ax+b$

07 다음 중 일차함수 $y=-2x+1$의 그래프 위의 점인 것은 ○표, 아닌 것은 ×표를 하시오.

(1) $(-2, 3)$ (   )

(2) $(0, 1)$ (   )

(3) $(1, -1)$ (   )

(4) $(3, -4)$ (   )

08 점 $(-1, a)$가 다음 일차함수의 그래프 위의 점일 때, 상수 a의 값을 구하시오.

(1) $y=5x$

(2) $y=2x+4$

(3) $y=-3x-2$

09 일차함수 $y=ax+3$의 그래프가 다음 점을 지날 때, 상수 a의 값을 구하시오.

(1) $(1, 6)$

(2) $(2, -9)$

(3) $(-4, 7)$

10 일차함수 $y=3x$의 그래프를 y축의 방향으로 -5만큼 평행이동한 그래프에 대하여 다음 물음에 답하시오.

(1) 평행이동한 그래프가 나타내는 일차함수의 식을 구하시오.

(2) 다음 중 평행이동한 그래프 위의 점을 모두 고르시오.

㉠ $(-1, -8)$	㉡ $(0, 5)$
㉢ $(3, -4)$	㉣ $(4, 7)$

11 일차함수 $y=-x$의 그래프를 y축의 방향으로 3만큼 평행이동한 그래프가 점 $(a, 6)$을 지날 때, 다음 물음에 답하시오.

(1) 평행이동한 그래프가 나타내는 일차함수의 식을 구하시오.

(2) 상수 a의 값을 구하시오.

12 일차함수 $y=\dfrac{1}{2}x$의 그래프를 y축의 방향으로 6만큼 평행이동한 그래프가 점 $(-8, a)$를 지날 때, 상수 a의 값을 구하시오.

일차함수의 성질

Ⓥ 일차함수의 그래프 "기울기와 y절편만으로 그래프를 그릴 수 있다."

$$y = ax + b$$

기울기   y절편

▶ 기울기 "직선은 기울기가 일정해."

일차함수 y = ax + b (a≠0)에서 x의 값의 증가량에 대한 y의 값의 증가량의 비율은 항상 일정하며,
그 비율은 x의 계수 a와 같다. 이 증가량의 비율 a를 일차함수 y = ax + b의 그래프의 기울기라고 한다.

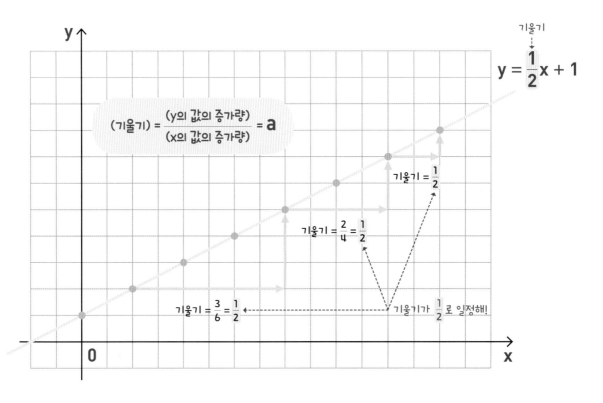

$$(기울기) = \frac{(y의\ 값의\ 증가량)}{(x의\ 값의\ 증가량)} = a$$

기울기 $y = \frac{1}{2}x + 1$

기울기 $= \frac{1}{2}$

기울기 $= \frac{2}{4} = \frac{1}{2}$

기울기 $= \frac{3}{6} = \frac{1}{2}$

기울기가 $\frac{1}{2}$ 로 일정해!

Ⅴ 일차함수의 그래프 모양 "식만 척 봐도 알아."

기울기(a)와 y절편(b)의 부호를 보고 판단한다.

▶ **기울기와 그래프 모양** "a의 부호만 봐도 그래프가 증가하는지 감소하는지 알 수 있어."

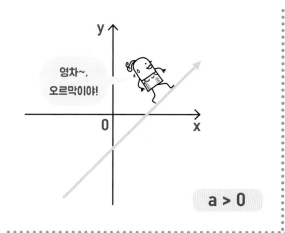

영차~, 오르막이야!

a > 0

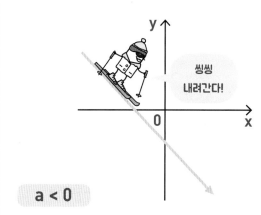

씽씽 내려간다!

a < 0

a = 0

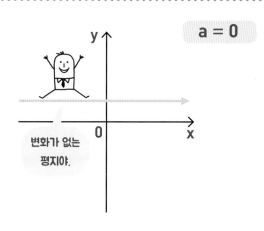

변화가 없는 평지야.

정의 불능

"함수가 아니야."

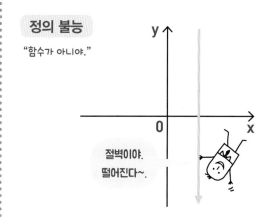

절벽이야. 떨어진다~

▶ **y절편과 그래프 모양** "b의 부호만 봐도 y축의 어느 곳을 지나는지 알 수 있어."

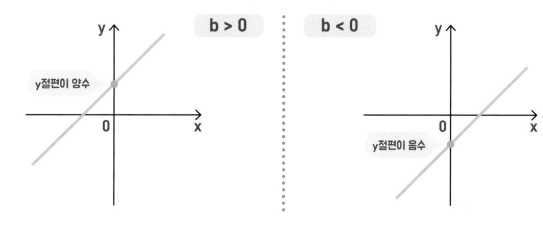

b > 0

y절편이 양수

b < 0

y절편이 음수

일차함수 $y=ax+b$의 그래프의 성질

스피드 정답 : 06쪽
친절한 풀이 : 27쪽

a의 부호   그래프의 모양을 결정한다.

$a>0$: x의 값이 증가하면 y의 값도 증가한다. ➡ 오른쪽 위로 향하는 직선

$a<0$: x의 값이 증가하면 y의 값은 감소한다. ➡ 오른쪽 아래로 향하는 직선

b의 부호   그래프와 y축이 만나는 부분을 결정한다.

$b>0$: y축과 양의 부분에서 만난다. ➡ y절편이 양수($+$)

$b<0$: y축과 음의 부분에서 만난다. ➡ y절편이 음수($-$)

> $b=0$이면?
> ➡ 원점을 지난다!

$a>0$, $b>0$	$a>0$, $b<0$	$a<0$, $b>0$	$a<0$, $b<0$

---

* 주어진 일차함수를 그래프로 나타내었을 때, 다음 물음에 답하시오.

> ㉠ $y=2x+5$ ㉡ $y=-x-7$
>
> ㉢ $y=-\dfrac{3}{5}x+1$ ㉣ $y=\dfrac{1}{4}x-2$

01   오른쪽 위로 향하는 직선인 것을 모두 고르시오.

02 x의 값이 증가하면 y의 값은 감소하는 것을 모두 고르시오.

03 y축과 양의 부분에서 만나는 것을 모두 고르시오.

04   제2사분면을 지나지 않는 것을 고르시오.

* 주어진 일차함수를 그래프로 나타내었을 때, 다음 물음에 답하시오.

> ㉠ $y=-3x+8$ ㉡ $y=5x-4$
>
> ㉢ $y=-\dfrac{2}{7}x-3$ ㉣ $y=\dfrac{3}{2}x+1$

05   오른쪽 아래로 향하는 직선인 것을 모두 고르시오.

06 x의 값이 증가하면 y의 값도 증가하는 것을 모두 고르시오.

07 y축과 음의 부분에서 만나는 것을 모두 고르시오.

08   제4사분면을 지나지 않는 것을 고르시오.

* 일차함수 $y=ax+b$의 그래프가 다음과 같을 때, 상수 a, b의 부호를 각각 구하시오.

09

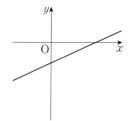

▶ 그래프가 오른쪽 (위 , 아래)로 향하는 직선이
므로 $a \bigcirc 0$
그래프가 y축과 (양 , 음)의 부분에서 만나므로
$b \bigcirc 0$

10

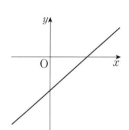

11

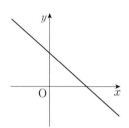

12

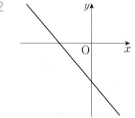

* 일차함수 $y=-ax+b$의 그래프가 다음과 같을 때, 상수 a, b의 부호를 각각 구하시오.

13

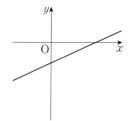

▶ 그래프가 오른쪽 (위 , 아래)로 향하는 직선이
므로 $-a \bigcirc 0$ $\therefore a \bigcirc 0$
그래프가 y축과 (양 , 음)의 부분에서 만나므로
$b \bigcirc 0$

14

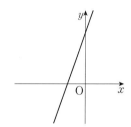

15

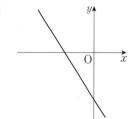

━━━▶ 시험에는 이렇게 나온대.

16 다음 중 일차함수 $y=4x-7$의 그래프에 대한 설명으로 옳지 <u>않은</u> 것은?

① 오른쪽 위로 향하는 직선이다.
② x의 값이 2 증가하면 y의 값은 8 증가한다.
③ y축과 음의 부분에서 만난다.
④ 점 $(1, -3)$을 지난다.
⑤ 제3사분면을 지나지 않는다.

일차함수의 그래프의 평행과 일치

스피드 정답 : 06쪽
친절한 풀이 : 28쪽

평행

두 직선의 기울기가 같고 y절편이 다르다.

즉, $y=ax+b$, $y=cx+d$에서 $a=c$, $b\neq d$

➡ 두 그래프는 평행하다.

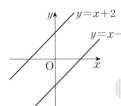

두 그래프는 평행하다.

일치

두 직선의 기울기와 y절편이 모두 같다.

즉, $y=ax+b$, $y=cx+d$에서 $a=c$, $b=d$

➡ 두 그래프는 일치한다.

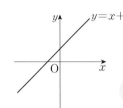

두 그래프는 일치한다.

---

* 다음 두 일차함수의 그래프가 평행하는지 또는 일치하는지를 말하시오.

01 $y=3x+1$, $y=3x-5$

02 $y=-4x+7$, $y=7-4x$

03 $y=-x$, $y=-x+6$

04 $y=\dfrac{2}{5}x+3$, $y=\dfrac{2}{5}(x+5)$

05 $y=-2(x-1)$, $y=-2x+2$

* 주어진 일차함수를 그래프로 나타내었을 때, 다음 물음에 답하시오.

㉠ $y=5x-10$	㉡ $y=-5x-4$
㉢ $y=4-5x$	㉣ $y=5(x-2)$

06 서로 평행한 것끼리 짝 지으시오.

07 일치하는 것끼리 짝 지으시오.

* 주어진 일차함수를 그래프로 나타내었을 때, 다음 물음에 답하시오.

㉠ $y=\dfrac{1}{2}x-3$	㉡ $y=-\dfrac{1}{2}(x-6)$
㉢ $y=\dfrac{1}{2}x$	㉣ $y=-\dfrac{1}{2}x+3$

08 서로 평행한 것끼리 짝 지으시오.

09 일치하는 것끼리 짝 지으시오.

＊ 다음 두 일차함수의 그래프가 서로 평행할 때, 상수 a의
　 값을 구하시오.

10　$y=4x+1,\ y=ax-2$

▶ 서로 평행한 두 일차함수의 그래프는
　기울기는 같고 y절편은 다르므로
　$a=\boxed{}$

11　$y=ax-3,\ y=-3x+8$

12　$y=\dfrac{1}{5}x+\dfrac{1}{2},\ y=ax+\dfrac{1}{5}$

13　$y=-ax+5,\ y=2x-9$

14　$y=2ax+6,\ y=8x-4$

15　$y=-x-7,\ y=\dfrac{1}{3}ax+7$

＊ 다음 두 일차함수의 그래프가 일치할 때, 상수 $a,\ b$의 값
　 을 각각 구하시오.

16　$y=ax+5,\ y=2x+b$

▶ 일치하는 두 일차함수의 그래프는
　기울기는 같고 y절편도 같으므로
　$a=\boxed{},\ b=\boxed{}$

17　$y=ax-1,\ y=-5x+b$

18　$y=7x-b,\ y=ax+3$

19　$y=3ax+5,\ y=-6x+\dfrac{1}{2}b$

시험에는 이렇게 나온다.

20 다음 일차함수의 그래프 중 오
　른쪽 그래프와 평행한 것은?

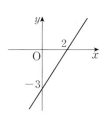

① $y=-\dfrac{3}{2}x-3$

② $y=-\dfrac{2}{3}x+1$

③ $y=\dfrac{2}{3}x-1$

④ $y=\dfrac{3}{2}x-3$

⑤ $y=\dfrac{3}{2}x+1$

일차함수의 식 구하기 1 _기울기와 y절편

기울기가 a이고 y절편이 b인 직선을 그래프로 하는 일차함수의 식은 다음과 같다.

$$y = ax + b \leftarrow y\text{절편}$$

$\uparrow$
기울기

⟮예⟯ 기울기가 -3이고 y절편이 7인 직선을 그래프로 하는 일차함수의 식 ➡ $y = -3x + 7$

---

* 다음과 같은 직선을 그래프로 하는 일차함수의 식을 구하시오.

01 기울기가 2이고 y절편이 5이다.

02 기울기가 -1이고 y절편이 3이다.

03 기울기가 $\dfrac{1}{3}$이고 y절편이 -1이다.

04 기울기가 -5이고 y절편이 -8이다.

* 기울기와 y축과 만나는 점의 좌표가 다음과 같은 직선을 그래프로 하는 일차함수의 식을 구하시오.

05 기울기가 1이고 점 $(0, 6)$을 지난다.

> 점 $(0, 6)$을 지난다는 것은
> y절편이 6이라는 의미야.

06 기울기가 -4이고 점 $\left(0, \dfrac{1}{2}\right)$을 지난다.

07 기울기가 3이고 점 $(0, -9)$를 지난다.

08 기울기가 $-\dfrac{2}{5}$이고 점 $(0, -3)$을 지난다.

* 증가량과 y절편이 다음과 같은 직선을 그래프로 하는 일
  차함수의 식을 구하시오.

09 x의 값이 2만큼 증가할 때 y의 값은 8만큼 증가하
고, y절편이 1이다.

▶ $(\text{기울기}) = \dfrac{(y\text{의 값의 증가량})}{(x\text{의 값의 증가량})} = \dfrac{\boxed{}}{2} = \boxed{}$

따라서 기울기가 $\boxed{}$ 이고 y절편이 1인 직선을
그래프로 하는 일차함수의 식은 $\boxed{}$
이다.

10 x의 값이 5만큼 증가할 때 y의 값은 10만큼 감소하
고, y절편이 -4이다.

11 x의 값이 4만큼 증가할 때 y의 값은 2만큼 증가하
고, y절편이 -7이다.

12 x의 값이 3만큼 증가할 때 y의 값은 9만큼 증가하
고, 점 $(0, -1)$을 지난다.

13 x의 값이 8만큼 증가할 때 y의 값은 6만큼 감소하
고, 점 $(0, 3)$을 지난다.

* 평행한 그래프와 y축과 만나는 점의 좌표가 다음과 같은
  직선을 그래프로 하는 일차함수의 식을 구하시오.

14 일차함수 $y = 2x$의 그래프와 평행하고 y절편이
-6이다.

▶ 서로 평행한 두 일차함수의 그래프의 기울기는
같으므로 기울기는 $\boxed{}$ 이다.

따라서 기울기가 $\boxed{}$ 이고 y절편이 -6인 직선
을 그래프로 하는 일차함수의 식은
$\boxed{}$ 이다.

15 일차함수 $y = -x - 5$의 그래프와 평행하고 y절편
이 9이다.

16 일차함수 $y = 5x + 8$의 그래프와 평행하고 y절편
이 -3이다.

17 일차함수 $y = -\dfrac{2}{3}x + 1$의 그래프와 평행하고
점 $(0, 2)$를 지난다.

◖ 시험에는 이렇게 나온대.

18 x의 값이 2만큼 증가할 때 y의 값은 10만큼 감소
하고 y절편이 5인 일차함수의 그래프의 x절편을
구하시오.

기울기가 a이고 점 (x_1, y_1)을 지나는 직선을 그래프로 하는 일차함수의 식은

❶ 구하는 일차함수의 식을 $y=ax+b$로 놓는다.

❷ $x=x_1$, $y=y_1$을 $y=ax+b$에 대입하여 b의 값을 구한다. ➡ $y_1=ax_1+b$

㉐ 기울기가 2이고 점 $(1, -1)$을 지나는 직선을 그래프로 하는 일차함수의 식은

　❶ 구하는 일차함수의 식을 $y=2x+b$로 놓는다.

　❷ $x=1$, $y=-1$을 $y=2x+b$에 대입 ➡ $-1=2\times1+b$ ∴ $b=-3$

　따라서 구하는 일차함수의 식은 $y=2x-3$이다.

---

* **기울기와 지나는 한 점의 좌표가 다음과 같은 직선을 그 래프로 하는 일차함수의 식을 구하시오.**

01 기울기가 -1이고 점 $(3, 2)$를 지난다.

　▶ 일차함수의 식을 $y=-x+b$로 놓고

　　$x=3$, $y=2$를 대입하면 □ $=-3+b$

　　∴ $b=$ □

　　따라서 구하는 일차함수의 식은 □

　　이다.

02 기울기가 3이고 점 $(2, -1)$을 지난다.

03 기울기가 -2이고 점 $(-5, 4)$를 지난다.

04 기울기가 4이고 점 $(-1, -3)$을 지난다.

05 기울기가 -6이고 점 $(2, -9)$를 지난다.

06 기울기가 $\dfrac{3}{2}$이고 점 $(4, 2)$를 지난다.

07 기울기가 $-\dfrac{1}{3}$이고 점 $(-6, 0)$을 지난다.

08 기울기가 5이고 x절편이 -2이다.

　　x절편이 -2라는 것은
　　점 $(-2, 0)$을 지나는 것과 같아.

09 기울기가 -3이고 x절편이 3이다.

✱ **증가량과 지나는 한 점의 좌표가 다음과 같은 직선을 그 래프로 하는 일차함수의 식을 구하시오.**

10 x의 값이 2만큼 증가할 때 y의 값은 6만큼 감소하고, 점 $(-2, 5)$를 지난다.

▶ $(기울기) = \dfrac{(y의\ 값의\ 증가량)}{(x의\ 값의\ 증가량)} = \dfrac{\boxed{}}{2}$

$\qquad = \boxed{}$

구하는 일차함수의 식을 $y = \boxed{}x + b$로 놓고

$x = -2,\ y = 5$를 대입하면

$\boxed{} = \boxed{} + b \qquad \therefore\ b = \boxed{}$

따라서 구하는 일차함수의 식은 $\boxed{}$

이다.

11 x의 값이 4만큼 증가할 때 y의 값은 8만큼 증가하고, 점 $(1, 7)$을 지난다.

12 x의 값이 3만큼 증가할 때 y의 값은 12만큼 감소하고, 점 $(2, -6)$을 지난다.

13 x의 값이 9만큼 증가할 때 y의 값은 6만큼 증가하고, 점 $(3, -5)$를 지난다.

14 x의 값이 6만큼 증가할 때 y의 값은 3만큼 감소하고, x절편이 4이다.

> $x = 4,\ y = 0$을
> 대입하자!

✱ **평행한 그래프와 지나는 한 점의 좌표가 다음과 같은 직 선을 그래프로 하는 일차함수의 식을 구하시오.**

15 일차함수 $y = x + 3$의 그래프와 평행하고 점 $(7, 3)$을 지난다.

▶ 서로 평행한 두 일차함수의 그래프의 기울기는 같으므로 기울기는 $\boxed{}$이다.

구하는 일차함수의 식을 $y = \boxed{} + b$로 놓고

$x = 7,\ y = 3$을 대입하면

$\boxed{} = \boxed{} + b \qquad \therefore\ b = \boxed{}$

따라서 구하는 일차함수의 식은 $\boxed{}$

이다.

16 일차함수 $y = -5x + 2$의 그래프와 평행하고 점 $(3, -8)$을 지난다.

17 일차함수 $y = \dfrac{1}{4}x - 1$의 그래프와 평행하고 점 $(-4, 2)$를 지난다.

18 일차함수 $y = -2x - 7$의 그래프와 평행하고 x절편이 -5이다.

▶ **시험에는 이렇게 나온대.**

19 일차함수 $y = 3x - 5$의 그래프와 평행하고 점 $(-1, -1)$을 지나는 직선을 그래프로 하는 일차함수의 식을 $y = ax + b$라고 할 때, 상수 a, b에 대하여 $a + b$의 값을 구하시오.

일차함수의 식 구하기 3 _서로 다른 두 점의 좌표

두 점 (x_1, y_1), (x_2, y_2)를 지나는 직선을 그래프로 하는 일차함수의 식은

❶ 구하는 일차함수의 식을 $y=ax+b$로 놓는다.

❷ 기울기 a를 구한다. ➡ $a= \dfrac{y_2-y_1}{x_2-x_1}$

❸ $y=ax+b$에 두 점 중 한 점의 좌표를 대입하여 b의 값을 구한다.

> 연립방정식을 이용할 수도 있어.
> 구하려는 식을 $y=ax+b$로 놓고
> 두 점의 좌표를 각각 대입하면
> a, b에 대한 연립방정식이 되지!

㉫ 두 점 $(-1, 2)$, $(3, -2)$를 지나는 직선을 그래프로 하는 일차함수의 식은

❶ 구하는 일차함수의 식을 $y=ax+b$로 놓는다.

❷ $a= \dfrac{-2-2}{3-(-1)} = -1$

❸ $x=-1$, $y=2$를 $y=-x+b$에 대입하면 $2=1+b$ ∴ $b=1$

따라서 구하는 일차함수의 식은 $y=-x+1$이다.

＊ **다음 두 점을 지나는 직선을 그래프로 하는 일차함수의 식을 구하시오.**

01 $(1, 1)$, $(3, 7)$

▶ $(기울기)= \dfrac{\boxed{}-\boxed{}}{3-1}=\boxed{}$

구하는 일차함수의 식을 $y=\boxed{}x+b$로 놓고

$x=1$, $y=1$을 대입하면

$1=\boxed{}+b$ ∴ $b=\boxed{}$

따라서 구하는 일차함수의 식은 $\boxed{}$

이다.

02 $(2, -1)$, $(5, -7)$

03 $(-4, 3)$, $(2, 6)$

04 $(-1, -5)$, $(0, -9)$

> 계산하기 편리한
> 점의 좌표를 대입하자.

05 $(3, 3)$, $(6, 7)$

06 $(-5, 4)$, $(5, -2)$

07 $(-2, 7)$, $(1, -8)$

＊ 다음 그림과 같은 직선을 그래프로 하는 일차함수의 식을 구하시오.

08

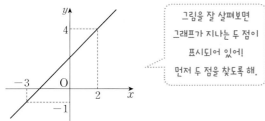

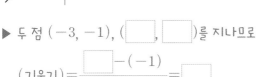

그림을 잘 살펴보면 그래프가 지나는 두 점이 표시되어 있어! 먼저 두 점을 찾도록 해.

▶ 두 점 $(-3, -1)$, $(\boxed{}, \boxed{})$를 지나므로

$$(기울기) = \frac{\boxed{} - (-1)}{\boxed{} - (-3)} = \boxed{}$$

구하는 일차함수의 식을 $y = x + b$로 놓고

$x = -3$, $y = -1$을 대입하면

$-1 = \boxed{} + b$ ∴ $b = \boxed{}$

따라서 구하는 일차함수의 식은 $\boxed{}$ 이다.

09

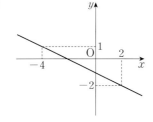

10

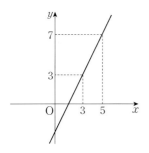

11

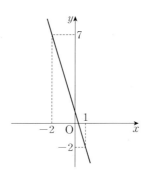

12

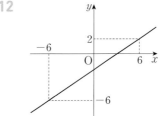

13 오른쪽 그림과 같은 일차함수의 그래프가 점 $(2, k)$를 지날 때, k의 값은?

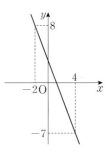

① -3

② $-\dfrac{5}{2}$

③ -2

④ $-\dfrac{3}{2}$

⑤ -1

x절편이 m, y절편이 n인 직선을 그래프로 하는 일차함수의 식은

❶ 두 점 $(m, 0)$, $(0, n)$을 지나는 직선의 기울기를 구한다.

➡ (기울기)$=\dfrac{n-0}{0-m}=-\dfrac{n}{m}$

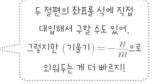

두 절편의 좌표를 식에 직접 대입해서 구할 수도 있어. 그렇지만 (기울기)$=-\dfrac{n}{m}$으로 외워두는 게 더 빠르지!

❷ y절편 n을 대입한다. ➡ $y=-\dfrac{n}{m}x+n$ ← y절편

↑ 기울기

㈜ x절편이 2, y절편이 -1인 직선을 그래프로 하는 일차함수의 식은

➡ 두 점 $(2, 0)$, $(0, -1)$을 지나므로 (기울기)$=\dfrac{-1-0}{0-2}=\dfrac{1}{2}$

따라서 구하는 일차함수의 식은 $y=\dfrac{1}{2}x-1$

＊ x절편과 y절편이 다음과 같은 직선을 그래프로 하는 일차함수의 식을 구하시오.

01 x절편이 -2, y절편이 4

▶ 두 점 $(-2, 0)$, $\left(0, \boxed{}\right)$를 지나므로

(기울기)$=\dfrac{\boxed{}-0}{0-(-2)}=\boxed{}$

따라서 구하는 일차함수의 식은 $\boxed{}$

이다.

02 x절편이 3, y절편이 3

03 x절편이 6, y절편이 -2

04 x절편이 4, y절편이 6

05 x절편이 1, y절편이 -5

06 x절편이 -3, y절편이 -9

07 x절편이 -10, y절편이 4

08

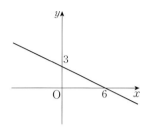

▶ 두 점 $(6, 0)$, $(0, \boxed{})$을 지나므로

$(기울기) = \dfrac{\boxed{} - 0}{0 - 6} = \boxed{}$

따라서 구하는 일차함수의 식은

$\boxed{}$ 이다.

09

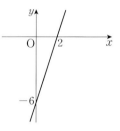

10

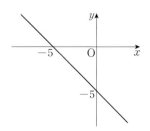

11

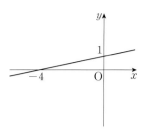

12

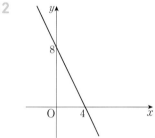

시험에는 이렇게 나온대.

13 일차함수 $y = \dfrac{1}{2}x + 2$의 그래프와 x축에서 만나고, 일차함수 $y = -3x + 4$의 그래프와 y축에서 만나는 직선을 그래프로 하는 일차함수의 식은?

① $y = -x - 4$ ② $y = -x + 4$

③ $y = x - 4$ ④ $y = x + 4$

⑤ $y = 2x + 4$

유형 1 **일차함수의 활용(1) - 온도의 변화**

· 일차함수의 활용 문제 풀이 순서

❶ 변수 정하기 ➡ 변하는 두 양을 x, y로 놓는다.

❷ 함수 구하기 ➡ x와 y 사이의 관계를 일차함수의 식으로 나타낸다.

❸ 답 구하기 ➡ 일차함수의 식을 이용하여 구하려는 값을 찾는다.

❹ 확인하기 ➡ 구한 값이 조건에 맞는지 확인한다.

변수 정하기
↓
함수 구하기
↓
답 구하기
↓
확인하기

· 온도에 대한 활용

처음 온도가 a ℃이고 1분 동안의 온도 변화가 k ℃일 때, x분 후의 온도를 y ℃라고 하면

$y = a + kx$

> 1분마다 온도가 몇 ℃씩 올라가는지 알아봐.

01 온도가 10 ℃인 물을 가열하면 1분마다 3 ℃씩 온도가 올라간다고 한다. 물을 가열한 지 8분 후의 물의 온도를 구하시오.

> ❶ 변수 정하기
>
> 가열한 지 x분 후의 물의 온도를 y ℃라고 하자.
>
> ❷ 함수 구하기
>
> 1분마다 물의 온도가 3 ℃씩 올라가므로 y를 x에 대한 식으로 나타내면
>
> $y = 10 + \boxed{} x$
>
> ❸ 답 구하기
>
> ❷의 식에 $x = 8$을 대입하면 $y = \boxed{}$
>
> 따라서 가열한 지 8분 후의 물의 온도는 $\boxed{}$ ℃이다.
>
> ❹ 확인하기
>
> $\boxed{}$ ℃가 되는 것은 물을 가열한 지 8분 후이므로 문제의 뜻에 맞는다.

02 주전자에 온도가 20 ℃인 물을 담아 끓이면 2분마다 8 ℃씩 온도가 올라간다고 한다. 물을 끓인 지 x분 후의 물의 온도를 y ℃라고 할 때, 다음 물음에 답하시오.

(1) y를 x에 대한 식으로 나타내시오.

(2) 물의 온도가 60 ℃가 되는 것은 물을 끓인 지 몇 분 후인지 구하시오.

03 지면으로부터 높이가 10 km까지는 1 km 높아질 때마다 기온이 6 ℃씩 내려간다고 한다. 지면의 기온이 25 ℃이고 지면으로부터 높이가 x km인 지점의 기온을 y ℃라고 할 때, 다음 물음에 답하시오.

(1) y를 x에 대한 식으로 나타내시오.

(2) 지면으로부터 높이가 4 km인 지점의 기온을 구하시오.

처음 길이가 a cm이고 1분 동안의 길이의 변화가 k cm일 때, x분 후의 길이를 y cm라고 하면
$y=a+kx$

04 길이가 20 cm인 양초에 불을 붙이면 5분마다 1 cm씩 길이가 짧아진다고 한다. 불을 붙인 지 x분 후의 양초의 길이를 y cm라고 할 때, 다음 물음에 답하시오.

(1) y를 x에 대한 식으로 나타내시오.

▶ 5분마다 1 cm씩 길이가 짧아지므로

1분마다 □ cm씩 길이가 짧아진다.

따라서 y를 x에 대한 식으로 나타내면

$y=20-$□x

(2) 불을 붙인 지 10분 후의 양초의 길이를 구하시오.

▶ (1)의 식에 $x=10$을 대입하면 $y=$□

따라서 불을 붙인 지 10분 후의 양초의 길이는 □ cm이다.

(3) 양초의 길이가 5 cm가 되는 것은 불을 붙인 지 몇 분 후인지 구하시오.

▶ (1)의 식에 $y=5$를 대입하면

$5=20-$□x　∴ $x=$□

따라서 양초의 길이가 5 cm가 되는 것은 불을 붙인 지 □분 후이다.

05 높이가 80 cm인 나무가 1년에 6 cm씩 자란다고 한다. x년 후의 나무의 높이를 y cm라고 할 때, 다음 물음에 답하시오.

(1) y를 x에 대한 식으로 나타내시오.

(2) 3년 후의 나무의 높이를 구하시오.

(3) 나무의 높이가 110 cm가 되는 것은 몇 년 후인지 구하시오.

> 무게가 1 g인 물체를 달면 길이가 몇 cm 늘어나는지 알아봤.

06 길이가 30 cm인 용수철 저울에 무게가 10 g인 물체를 달면 길이가 5 cm만큼 늘어난다고 한다. 무게가 x g인 물체를 달았을 때의 용수철의 길이를 y cm라고 할 때, 다음 물음에 답하시오.

(1) y를 x에 대한 식으로 나타내시오.

(2) 무게가 24 g인 물체를 달았을 때의 용수철의 길이를 구하시오.

(3) 용수철의 길이가 38 cm가 되는 것은 무게가 몇 g인 물체를 달았을 때인지 구하시오.

유형 1 일차함수의 활용(3) – 물의 양의 변화

처음 물의 양이 a L이고 1분 동안의 물의 양의 변화가 k L일 때, x분 후의 물의 양을 y L라고 하면
$y = a + kx$

---

01 40 L의 물이 들어 있는 물탱크에 3분마다 6 L씩 물을 더 넣는다고 한다. 물을 넣은 지 x분 후에 물탱크에 들어 있는 물의 양을 y L라고 할 때, 다음 물음에 답하시오.

(1) y를 x에 대한 식으로 나타내시오.

▶ 3분마다 6 L씩 물을 넣으므로 1분마다

□ L씩 물을 넣는다.

따라서 y를 x에 대한 식으로 나타내면

$y = 40 + $ □ x

(2) 물을 넣은 지 15분 후에 물탱크에 들어 있는 물의 양을 구하시오.

▶ (1)의 식에 $x = 15$를 대입하면 $y = $ □

따라서 15분 후에 물탱크에 들어 있는 물의

양은 □ L이다.

(3) 물탱크의 용량이 100 L일 때, 이 물탱크를 가득 채우는 데 걸리는 시간은 몇 분인지 구하시오.

▶ (1)의 식에 $y = 100$을 대입하면

$100 = 40 + $ □ x $\therefore x = $ □

따라서 물탱크를 가득 채우는 데 걸리는 시간

은 □ 분이다.

---

02 45 L의 물이 들어 있는 욕조에서 1분마다 3 L씩 물이 흘러나간다고 한다. 물이 흘러나가기 시작한 지 x분 후에 욕조에 남아 있는 물의 양을 y L라고 할 때, 다음 물음에 답하시오.

(1) y를 x에 대한 식으로 나타내시오.

(2) 물이 흘러나가기 시작한 지 9분 후에 욕조에 남아 있는 물의 양을 구하시오.

(3) 욕조에 들어 있는 물이 모두 흘러나가는 데 걸리는 시간은 몇 분인지 구하시오.

---

1 km를 달리는 데 몇 L의 휘발유가 필요한지 알아봐.

03 1 L의 휘발유로 12 km를 달릴 수 있는 자동차가 있다. 이 자동차에 35 L의 휘발유를 넣고 x km를 달린 후에 남아 있는 휘발유의 양을 y L라고 할 때, 다음 물음에 답하시오.

(1) y를 x에 대한 식으로 나타내시오.

(2) 60 km를 달린 후에 남아 있는 휘발유의 양을 구하시오.

(3) 남아 있는 휘발유의 양이 20 L가 되는 것은 몇 km를 달린 후인지 구하시오.

오른쪽 그림과 같은 직사각형 ABCD에서 변 BC 위를 움직이는 점 P에 대하여 $\overline{BP}=x$일 때

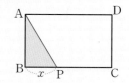

① 삼각형 ABP의 넓이를 y라고 하면 $y=\dfrac{1}{2}\times\overline{AB}\times x$

② 사다리꼴 APCD의 넓이를 y라고 하면 $y=\dfrac{1}{2}\times\{\overline{AD}+(\overline{BC}-x)\}\times\overline{AB}$

---

04 오른쪽 그림과 같은 직사각형 ABCD에서 점 P는 점 B를 출발하여 변 BC를 따라 점 C까지 1초에 1 cm씩 움직인다. x초 후의 삼각형 ABP의 넓이를 y cm²라고 할 때, 다음 물음에 답하시오.

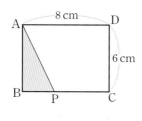

(1) y를 x에 대한 식으로 나타내시오.

▶ 점 P는 1초에 1 cm씩 움직이므로 x초 후의 $\overline{BP}$의 길이는 x cm이다.

따라서 y를 x에 대한 식으로 나타내면

$y=\dfrac{1}{2}\times x\times\boxed{}$, 즉 $y=\boxed{}x$

(2) 3초 후의 삼각형 ABP의 넓이를 구하시오.

▶ (1)의 식에 $x=3$을 대입하면 $y=\boxed{}$

따라서 3초 후의 삼각형 ABP의 넓이는 $\boxed{}$ cm²이다.

(3) 삼각형 ABP의 넓이가 21 cm²가 되는 것은 점 P가 점 B를 출발한 지 몇 초 후인지 구하시오.

▶ (1)의 식에 $y=21$을 대입하면

$21=\boxed{}x$ $\therefore x=\boxed{}$

따라서 삼각형 ABP의 넓이가 21 cm²가 되는 것은 점 P가 점 B를 출발한 지 $\boxed{}$초 후이다.

---

05 오른쪽 그림과 같은 직사각형 ABCD에서 변 BC 위의 점 P에 대하여 $\overline{BP}=x$ cm일 때, 사다리꼴 APCD의 넓이를 y cm²라고 하자. 다음 물음에 답하시오.

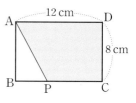

(1) y를 x에 대한 식으로 나타내시오.

(2) $\overline{BP}=4$ cm일 때, 사다리꼴 APCD의 넓이를 구하시오.

---

06 오른쪽 그림과 같은 직각삼각형 ABC에서 점 P는 점 C를 출발하여 변 BC를 따라 점 B까지 1초에 2 cm씩 움직인다. x초 후의 삼각형 ABP의 넓이를 y cm²라고 할 때, 다음 물음에 답하시오.

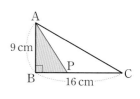

(1) y를 x에 대한 식으로 나타내시오.

(2) 삼각형 ABP의 넓이가 18 cm²가 되는 것은 점 P가 점 C를 출발한 지 몇 초 후인지 구하시오.

01 다음 중 y가 x의 함수인 것을 모두 고르시오.

> ㉠ 자연수 x보다 1만큼 큰 수 y
>
> ㉡ 절댓값이 x인 수 y
>
> ㉢ 한 개에 500원인 사탕 x개의 가격 y원

* 다음을 구하시오. (02~03)

02 $f(x)=\dfrac{10}{x}$에 대하여 $f(-2)+f(5)$의 값

03 $f(x)=-3x+1$에 대하여 $f(-1)-f(3)$의 값

04 다음 중 y가 x에 대한 일차함수인 것은?

① $x-5=0$ ② $y=\dfrac{2}{x}$

③ $y=x^2+x-1$ ④ $3x+y=1$

⑤ $y=x(x-4)$

* 다음 일차함수의 그래프를 y축의 방향으로 [ ] 안의 수만큼 평행이동한 그래프가 나타내는 일차함수의 식을 구하시오.
(05~06)

05 $y=-5x$ $[3]$

06 $y=x+4$ $[-5]$

07 오른쪽 그림과 같은 일차함수의 그래프에서 x절편, y절편, 기울기를 각각 구하시오.

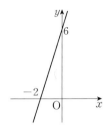

* 다음 일차함수의 그래프의 x절편, y절편, 기울기를 각각 구하시오. (08~09)

08 $y=2x-10$

09 $y=-\dfrac{1}{4}x+2$

10 일차함수 $y=\dfrac{2}{3}x-1$에 대하여 x의 값이 -2에서 4까지 증가할 때, y의 값의 증가량을 구하시오.

11 일차함수 $y=ax+7$의 그래프가 점 $(3, -5)$를 지날 때, 상수 a의 값을 구하시오.

12 일차함수 $y=-x+2$의 그래프에 대한 설명으로 옳지 <u>않은</u> 것은?

① 오른쪽 아래로 향하는 직선이다.
② x의 값이 증가하면 y의 값은 감소한다.
③ y축과 양의 부분에서 만난다.
④ 점 $(-4, 6)$을 지난다.
⑤ 제1사분면을 지나지 않는다.

＊ 다음 직선을 그래프로 하는 일차함수의 식을 구하시오.

(13~16)

13 기울기가 5이고 y절편이 -1인 직선

14 x의 값이 2만큼 증가할 때 y의 값은 4만큼 감소하고 점 $(2, 1)$을 지나는 직선

15 두 점 $(-2, 2)$, $(4, 5)$를 지나는 직선

16 x절편이 2, y절편이 8인 직선

17 두 일차함수 $y=6x-3$, $y=2ax+1$의 그래프가 서로 평행할 때, 상수 a의 값을 구하시오.

18 두 일차함수 $y=ax+2$, $y=-2x+\dfrac{1}{3}b$의 그래프가 일치할 때, 상수 a, b의 값을 각각 구하시오.

19 온도가 20 ℃인 물을 가열하면 1분마다 5 ℃씩 온도가 올라간다고 한다. 물을 가열한 지 x분 후의 온도를 y ℃라고 할 때, 다음 물음에 답하시오.

(1) y를 x에 대한 식으로 나타내시오.

(2) 물을 가열한 지 10분 후 물의 온도를 구하시오.

20 길이가 15 cm인 양초에 불을 붙이면 3분마다 1 cm씩 길이가 짧아진다고 한다. 양초에 불을 붙인 지 x분 후의 양초의 길이를 y cm라고 할 때, 다음 물음에 답하시오.

(1) y를 x에 대한 식으로 나타내시오.

(2) 양초가 다 타는 데 걸리는 시간은 몇 분인지 구하시오.

스도쿠 게임

* 게임 규칙

❶ 모든 가로줄, 세로줄에 각각 1에서 9까지의 숫자를 겹치지 않게 배열한다.

❷ 가로, 세로 3칸씩 이루어진 9칸의 격자 안에도 1에서 9까지의 숫자를 겹치지 않게 배열한다.

7	1		3		5			
5		9	6			3		2
	4				9		7	
2		1				9		8
	5		1		2		3	
4		3				1		5
	2		5		4		1	
1		5		2		4		
8	6		9		1		5	7

8	4	9	6	3	1	2	5	7
6	9	7	8	5	2	1	3	4 ...

100

Chapter Ⅵ

일차함수와 일차방정식의 관계

keyword

직선의 방정식, 일차함수와 일차방정식의 관계,
연립방정식의 해와 그래프, 해의 개수와 그래프의 위치 관계

일차방정식과 일차함수

Ⓥ 일차방정식의 그래프 "일차방정식은 일차함수와 쌍둥이야."

▶ **직선의 방정식**

$$ax + by + c = 0$$

x, y의 값이 수 전체일 때, 미지수가 2개인 일차방정식 ax+by+c=0 (a, b, c는 상수, a≠0, b≠0)의 해의 순서쌍 (x, y)를 좌표평면 위에 나타내면 직선이 된다.

▶ **일차방정식과 일차함수의 관계** "일차방정식? 일차함수? 우리는 모양이 같아."

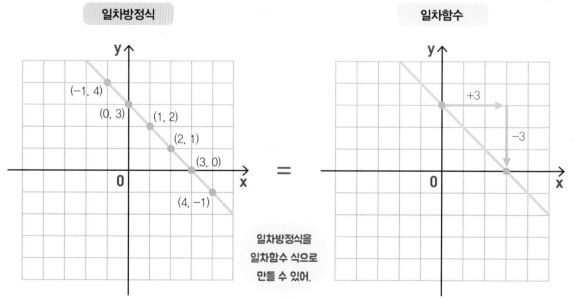

일차방정식

(−1, 4)
(0, 3)
(1, 2)
(2, 1)
(3, 0)
(4, −1)

일차함수

+3
−3

일차방정식을
일차함수 식으로
만들 수 있어.

$$x + y - 3 = 0 \quad \cdots\cdots\cdots\cdots \quad y = -x + 3$$

해의 순서쌍 (x, y)를 좌표평면 위에 나타낸 다음 곧게 이으면 직선이 된다.

직선의 그래프에서 기울기=−1, y절편=3이므로 일차함수로 나타내면 y=−x+3이 된다.

Ⅴ 축에 평행인 직선 "가로로, 세로로 쭉쭉 뻗어라."

▶ y축에 평행한 직선 "x의 좌표가 변하지 않아."

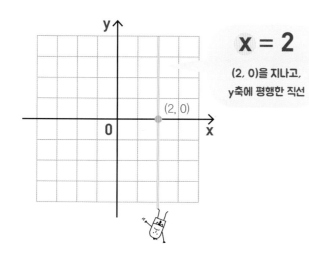

$x = 2$

(2, 0)을 지나고,
y축에 평행한 직선

방정식 x=2의 그래프 위의 모든 점은
x좌표가 항상 2이다.
➡ y축에 평행하고, x축에 수직이다.

참고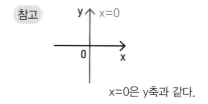

x=0은 y축과 같다.

▶ x축에 평행한 직선 "y의 좌표가 변하지 않아."

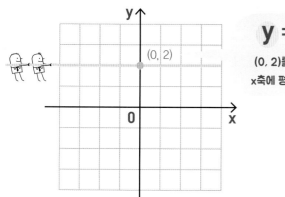

$y = 2$

(0, 2)를 지나고,
x축에 평행한 직선

방정식 y=2의 그래프 위의 모든 점은
y좌표가 항상 2이다.
➡ x축에 평행하고, y축에 수직이다.

참고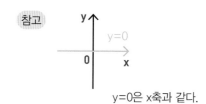

y=0은 x축과 같다.

---

x가 입력 값, y가 결과 값일 때, 직선은 모두 함수일까요?

▶ y=n은 함수이다.

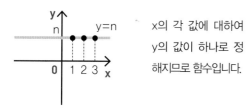

x의 각 값에 대하여
y의 값이 하나로 정
해지므로 함수입니다.

▶ x=m은 함수가 아니다.

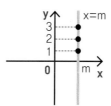

x의 각 값에 대하여
y의 값이 하나로 정
해지지 않으므로 함
수가 아닙니다.

ACT 36 일차함수와 일차방정식

ACT 36 일차함수와 일차방정식

ACT 36 일차함수와 일차방정식

03 $x+3y-6=0$

▶ $x+3y-6=0$에서 $3y=-x+\boxed{}$

∴ $y=\boxed{}$

04 $2x-y+7=0$

05 $x-4y-4=0$

06 $6x+y+2=0$

07 $2x+3y-9=0$

08 $5x-2y+10=0$

> 먼저 주어진 일차방정식을 $y=ax+b$ 꼴로 나타내어 보자.

09 $4x-y+8=0$

▶ $4x-y+8=0$에서 $y=4x+8$

∴ (기울기)$=\boxed{}$, (y절편)$=\boxed{}$.

$y=0$일 때, $x=\boxed{}$ ∴ (x절편)$=\boxed{}$

10 $x+5y+5=0$

기울기 _____

x절편 _____

y절편 _____

11 $3x-2y-6=0$

기울기 _____

x절편 _____

y절편 _____

▶ **시험에는 이렇게 나온대.**

12 일차방정식 $2x+7y-14=0$의 그래프의 기울기를 a, x절편을 b, y절편을 c라고 할 때, $ab+c$의 값은?

① -2 ② -1 ③ 0

④ 1 ⑤ 2

일차방정식 $ax+by+c=0$의 그래프

스피드 정답 : 08쪽
친절한 풀이 : 33쪽

일차방정식 $ax+by+c=0$의 그래프 그리기

$ax+by+c=0$을 $y=-\dfrac{a}{b}x-\dfrac{c}{b}$ 꼴로 나타낸 후
기울기와 y절편 또는 x절편과 y절편을 이용하여 그
래프를 그린다.

⑩ $2x-y-3=0$의 그래프

➡ $2x-y-3=0$에서
$y=2x-3$

➡ 기울기는 2
y절편은 -3

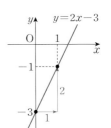

＊ 다음 일차방정식을 $y=ax+b$ 꼴로 나타내고, 그 그래프를 그리시오.

01 $x+y-2=0$ _____

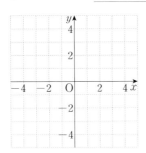

02 $3x-y+1=0$ _____

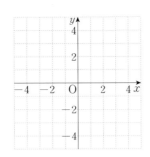

03 $2x+3y+6=0$ _____

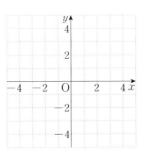

04 $3x-4y-12=0$ _____

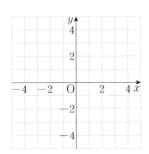

✽ 아래 주어진 일차방정식의 그래프에 대하여 다음 물음에 답하시오.

일단 주어진 일차방정식을 $y=ax+b$ 꼴로 나타내자.

$$
\begin{array}{ll}
\text{㉠ } 2x-y-3=0 & \text{㉡ } 4x-y+5=0 \\
\text{㉢ } 4x+y-3=0 & \text{㉣ } 4x+y+5=0
\end{array}
$$

05 오른쪽 위로 향하는 직선인 것을 모두 고르시오.

06 x의 값이 증가하면 y의 값은 감소하는 것을 모두 고르시오.

07 y축과 양의 부분에서 만나는 것을 모두 고르시오.

08 제1사분면을 지나는 것을 모두 고르시오.

09 제3사분면을 지나지 않는 것을 고르시오.

10 서로 평행한 두 그래프를 고르시오.

✽ 일차방정식 $ax-y-b=0$의 그래프가 다음과 같을 때, 상수 a, b의 부호를 각각 구하시오.

11

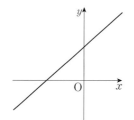

▶ $ax-y-b=0$에서 $y=ax-b$

그래프가 오른쪽 위로 향하는 직선이므로

$a \bigcirc 0$

그래프가 y축과 양의 부분에서 만나므로

$-b \bigcirc 0$ ∴ $b \bigcirc 0$

12

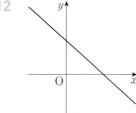

13

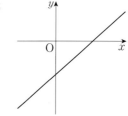

◂▶ 시험에는 이렇게 나온대.

14 다음 중 일차방정식 $x-2y+6=0$의 그래프에 대한 설명으로 옳은 것을 모두 고르시오.

$$
\begin{array}{l}
\text{㉠ } x\text{의 값이 증가하면 } y\text{의 값도 증가한다.} \\
\text{㉡ } y\text{축과 음의 부분에서 만난다.} \\
\text{㉢ } \text{제4사분면을 지나지 않는다.} \\
\text{㉣ } y=2x\text{의 그래프와 평행하다.}
\end{array}
$$

방정식 $x=p\,(p\neq0)$의 그래프

① 점 $(p, 0)$을 지난다.

② y축에 평행한 직선이다. ──── x축에 수직

➡ 기울기는 생각할 수 없다.

③ 함수가 아니다.

$x=0$의 그래프는 y축이야.

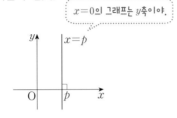

방정식 $y=q\,(q\neq0)$의 그래프

① 점 $(0, q)$를 지난다.

② x축에 평행한 직선이다. ──── y축에 수직

➡ 기울기는 0이다.

③ 함수이다.

$y=0$의 그래프는 x축이야.

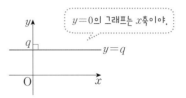

---

* 주어진 직선의 방정식에 대하여 표를 완성하고, x, y의 범위가 수 전체일 때 좌표평면 위에 그래프를 그리시오.

01 $x=2$

x	$\cdots$						$\cdots$
y	$\cdots$	-2	-1	0	1	2	$\cdots$

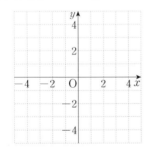

02 $x=-4$

x	$\cdots$						$\cdots$
y	$\cdots$	-2	-1	0	1	2	$\cdots$

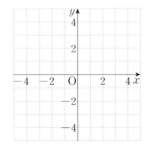

03 $y=3$

x	$\cdots$	-2	-1	0	1	2	$\cdots$
y	$\cdots$						$\cdots$

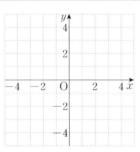

04 $y=-1$

x	$\cdots$	-2	-1	0	1	2	$\cdots$
y	$\cdots$						$\cdots$

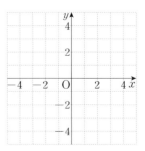

* 다음 방정식의 그래프를 좌표평면 위에 그리시오.

05 $x=1$

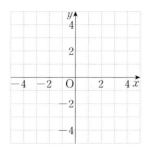

06 $y=4$

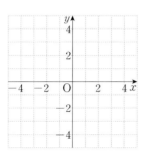

07 $x=-3$

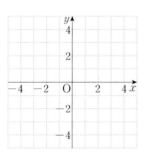

08 $y=-2$

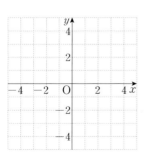

* 다음 그래프가 나타내는 직선의 방정식을 구하시오.

09

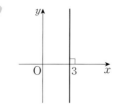

10

11

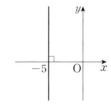

12

→ 시험에는 이렇게 나온대.

13 다음 중 x축에 평행한 직선의 방정식을 모두 고르시오.

> ㉠ $x=-1$ ㉡ $y=5$
>
> ㉢ $2x=4$ ㉣ $y+3=0$

유형 1 좌표축에 평행한 직선의 방정식

- y축에 평행한(x축에 수직인) 직선의 방정식 ➡ $x=p\,(p\neq0)$ 꼴 ➡ x좌표의 값은 항상 p이다.
- x축에 평행한(y축에 수직인) 직선의 방정식 ➡ $y=q\,(q\neq0)$ 꼴 ➡ y좌표의 값은 항상 q이다.

Skill

점 $(2, 0)$을 지나고 y축에 평행한 직선의 방정식은 $x=2$

점 $(0, 3)$을 지나고 x축에 평행한 직선의 방정식은 $y=3$

y축에 평행 ➡ $x=$■, x축에 평행 ➡ $y=$▲ 꼴임을 기억해!

---

01 다음 조건을 만족시키는 직선의 방정식을 구하시오.

(1) 점 $(-3, 1)$을 지나고 y축에 평행한 직선

(2) 점 $(2, -5)$를 지나고 x축에 평행한 직선

02 다음 조건을 만족시키는 직선의 방정식을 구하시오.

(1) 점 $(-1, 4)$를 지나고 y축에 수직인 직선

(2) 점 $(6, 3)$을 지나고 x축에 수직인 직선

03 다음 두 점을 지나는 직선의 방정식을 구하시오.

(1) $(-2, 1)$, $(-2, 5)$

> 두 점의 x좌표가 같아.

(2) $(-1, 7)$, $(3, 7)$

> 두 점의 y좌표가 같아.

04 다음 두 점을 지나는 직선이 y축에 평행할 때, a의 값을 구하시오.

(1) $(a, 4)$, $(-a+6, 7)$

(2) $(-5-3a, 5)$, $(-8a+5, 1)$

05 다음 두 점을 지나는 직선이 y축에 수직일 때, a의 값을 구하시오.

(1) $(-2, a)$, $(4, 2a-6)$

(2) $(10, 4a)$, $(8, -5-a)$

06 직선 $y=4x-1$ 위의 점 $(1, q)$를 지나고, x축에 평행한 직선의 방정식을 구하시오.

07 직선 $3x-y+6=0$ 위의 점 $(p, 9)$를 지나고, x축에 수직인 직선의 방정식을 구하시오.

네 직선 $x=a$, $x=b$, $y=c$, $y=d$로
둘러싸인 사각형의 넓이

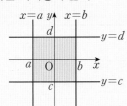

가로 : $|b-a|$, 세로 : $|d-c|$

➡ 넓이 : $|b-a| \times |d-c|$

두 직선과 축으로 둘러싸인 삼각형의 넓이

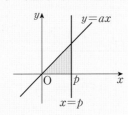

가로 : $|p|$, 높이 : $|ap|$

➡ 넓이 : $\dfrac{1}{2} \times |p| \times |ap|$

가로 : $|q|$, 높이 : $\left|\dfrac{q}{a}\right|$

➡ 넓이 : $\dfrac{1}{2} \times |q| \times \left|\dfrac{q}{a}\right|$

✳ 주어진 네 방정식의 그래프를 좌표평면 위에 그리고, 네 직선으로 둘러싸인 사각형의 넓이를 구하시오.

08 $x=-2$, $x=3$,
$y=3$, $y=-1$

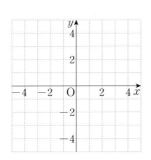

09 $x=1$, $x=4$,
$y=1$, $y=-3$

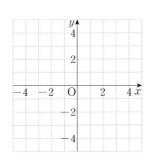

10 $x=4$, $x=-3$,
$y=-4$, $y=-1$

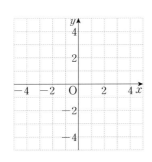

✳ 다음과 같이 세 직선으로 둘러싸인 삼각형의 넓이를 구하시오.

11 $x=5$, $y=0$, $y=x$

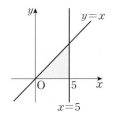

12 $x=0$, $y=3$, $y=-x$

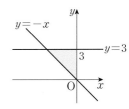

13 $x=-6$, $y=0$,
$y=\dfrac{1}{2}x$

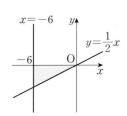

연립방정식과 일차함수

ⓥ 연립방정식의 해

"그래프를 그려서 연립방정식을 풀 수 있어."
두 일차함수의 그래프를 그리고, 두 그래프가 만나는 점을 찾는다.

해 ←— 연립방정식의 해 = 두 일차함수 그래프의 교점 —→ **교점**

$x + y = 5$
$-x + y = 1$ } 의 해

$y = -x + 5$
$y = x + 1$ } 의 교점

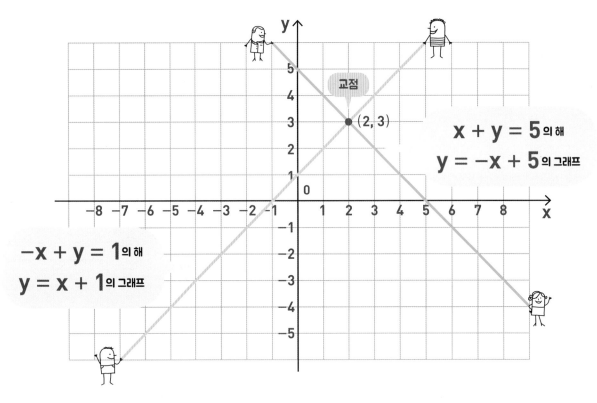

교점
(2, 3)

$x + y = 5$의 해
$y = -x + 5$의 그래프

$-x + y = 1$의 해
$y = x + 1$의 그래프

미지수가 2개인 연립방정식의 해

미지수가 2개인 일차방정식의 해를 나타내는 그래프는 직선이고, 이 직선은
일차함수의 그래프와 서로 같다.

미지수가 2개인 두 일차방정식으로 이루어진 연립방정식의 해는 각 방정식
의 그래프, 즉 일차함수의 그래프로 나타나는 두 직선의 교점의 좌표와 같다.

Ⓥ 연립방정식의 해의 개수

"두 직선의 교점의 개수를 알아보자."

두 그래프의 위치 관계에 따라 연립방정식의 해의 개수가 결정된다.

▶ 해의 개수와 그래프의 위치 관계 　　 "기울기와 y절편을 보고 판단하자."

연립일차방정식	두 직선의 위치 관계와 교점	두 일차함수

$$\begin{cases} x + y = 1 \\ x - 3y = 3 \end{cases}$$

한 쌍의 해를 갖는다.

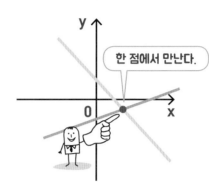

한 점에서 만난다.

$$\begin{cases} y = -x + 1 \\ y = \dfrac{1}{3}x - 1 \end{cases}$$

두 직선의
기울기가 다르다.

$$\begin{cases} x + y = 1 \\ x + y = -3 \end{cases}$$

해가 없다.

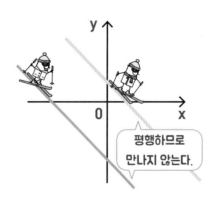

평행하므로
만나지 않는다.

$$\begin{cases} y = -x + 1 \\ y = -x - 3 \end{cases}$$

두 직선의 기울기가 같고
y절편이 다르다.

$$\begin{cases} x + y = 1 \\ 2x + 2y = 2 \end{cases}$$

해가 무수히 많다.

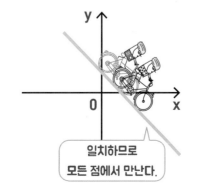

일치하므로
모든 점에서 만난다.

$$\begin{cases} y = -x + 1 \\ y = -x + 1 \end{cases}$$

두 직선의 기울기가 같고
y절편이 같다.

연립방정식의 해와 그래프

스피드 정답 : 09쪽
친절한 풀이 : 35쪽

연립방정식 $\begin{cases} ax+by+c=0 \\ a'x+b'y+c'=0 \end{cases}$ 의 해는 두 일차방정식

$ax+by+c=0$, $a'x+b'y+c'=0$의 그래프의 교점의 좌표와 같다.

| 연립방정식의 해
x=p, y=q | $\longrightarrow$
$\longleftarrow$ | 두 일차방정식의 그래프의
교점의 좌표 (p, q) |

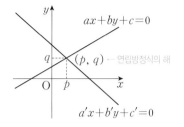

---

* 주어진 연립방정식에서 두 일차방정식의 그래프가 다음과 같을 때, 연립방정식의 해를 구하시오.

01 $\begin{cases} x+y=3 \\ x-y=1 \end{cases}$

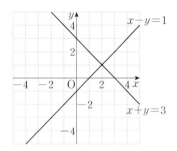

▶ 연립방정식의 해는 두 그래프의 교점의 좌표와 같다. 교점의 좌표가 $\left(2, \boxed{}\right)$이므로 연립방정식의 해는 $x=2$, $y=\boxed{}$

02 $\begin{cases} 3x+y=1 \\ x+y=-1 \end{cases}$

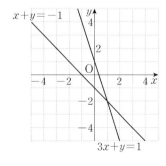

03 $\begin{cases} x-2y=-7 \\ 2x+y=-4 \end{cases}$

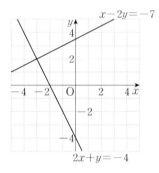

04 $\begin{cases} 3x-2y=-6 \\ x-2y=2 \end{cases}$

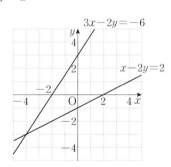

* 다음 연립방정식에서 두 일차방정식의 그래프를 좌표평면 위에 그리고, 이를 이용하여 연립방정식의 해를 구하시오.

05 $\begin{cases} x+y=4 \\ x-y=-2 \end{cases}$

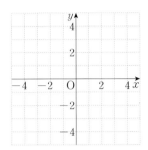

▶ 두 그래프의 교점의 좌표가 $(\boxed{}, \boxed{})$

이므로 연립방정식의 해는 $x=\boxed{}$, $y=\boxed{}$

06 $\begin{cases} x-y=3 \\ 2x-y=5 \end{cases}$

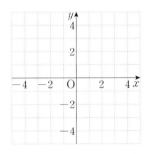

07 $\begin{cases} x+4y=-4 \\ 2x-3y=-8 \end{cases}$

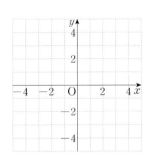

* 연립방정식을 이용하여 다음 두 일차방정식의 그래프의 교점의 좌표를 구하시오.

08 $x-y=2$, $x+3y=14$

▶ 연립방정식 $\begin{cases} x-y=2 \\ x+3y=14 \end{cases}$ 를 풀면

$x=\boxed{}$, $y=\boxed{}$

따라서 두 그래프의 교점의 좌표는 $(\boxed{}, \boxed{})$

09 $x-3y=6$, $2x+3y=-15$

10 $4x+y=-4$, $x+2y=6$

11 $2x+5y=-3$, $5x-2y=7$

➡ 시험에는 이렇게 나온대.

12 오른쪽 그림과 같은 두 일차방정식의 그래프의 교점의 좌표를 구하시오.

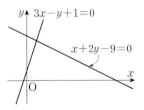

연립방정식의 해의 개수와 그래프의 위치 관계

스피드 정답 : 09쪽
친절한 풀이 : 35쪽

연립방정식 $\begin{cases} ax+by+c=0 \\ a'x+b'y+c'=0 \end{cases}$ 의 해의 개수는 두 일차방정식 $ax+by+c=0$, $a'x+b'y+c'=0$의 그래프의 교점의 개수와 같다.

두 직선의 위치 관계	한 점에서 만난다.	평행하다.	일치한다.
그래프의 모양			
교점의 개수	한 개	없다.	무수히 많다.
연립방정식의 해의 개수	한 쌍	해가 없다.	해가 무수히 많다.
기울기와 y절편	기울기가 다르다. $\Rightarrow \dfrac{a}{a'} \neq \dfrac{b}{b'}$	기울기는 같고 y절편은 다르다. $\Rightarrow \dfrac{a}{a'} = \dfrac{b}{b'} \neq \dfrac{c}{c'}$	기울기가 같고 y절편도 같다. $\Rightarrow \dfrac{a}{a'} = \dfrac{b}{b'} = \dfrac{c}{c'}$

＊ 다음 연립방정식에서 두 일차방정식의 그래프를 좌표평면 위에 그리고, 이를 이용하여 연립방정식의 해를 구하시오.

01 $\begin{cases} x-2y=2 \\ 2x-4y=8 \end{cases}$

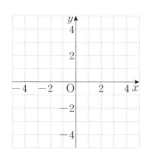

▶ $x-2y=2$에서 $y=\dfrac{1}{2}x-1$

$2x-4y=8$에서 $y=\dfrac{1}{2}x-2$

즉, 기울기는 같고 y절편은 다르므로

두 그래프는 서로 ☐ 하다.

따라서 연립방정식의 해가 ☐ .

02 $\begin{cases} 3x+y=2 \\ 6x+2y=4 \end{cases}$

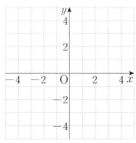

▶ $3x+y=2$에서 $y=-3x+2$

$6x+2y=4$에서 $y=-3x+2$

즉, 기울기와 y절편이 각각 같으므로

두 그래프는 ☐ 한다.

따라서 연립방정식의 해가 ☐ .

03
$$\begin{cases} 2x+y=1 \\ 6x+3y=-3 \end{cases}$$

▶ $\begin{cases} 2x+y=1 \\ 6x+3y=-3 \end{cases}$ 에서 $\begin{cases} y=\boxed{}\,x+1 \\ y=\boxed{}\,x-1 \end{cases}$

즉, 기울기는 같고 y절편은 다르므로

두 그래프는 서로 $\boxed{}$ 하다.

따라서 연립방정식의 해가 $\boxed{}$.

04
$$\begin{cases} 4x-2y=6 \\ -2x+y=-3 \end{cases}$$

05
$$\begin{cases} x-y=1 \\ 6x-3y=2 \end{cases}$$

06
$$\begin{cases} 5x+4y=2 \\ -5x-4y=1 \end{cases}$$

07
$$\begin{cases} 3x+y=2 \\ 3x-y=-2 \end{cases}$$

▶ $\dfrac{3}{3} \neq \dfrac{1}{\boxed{}}$ 이므로

두 그래프는 $\boxed{}$.

따라서 연립방정식은 한 쌍의 해를 갖는다.

08
$$\begin{cases} 5x-y=1 \\ 10x-2y=4 \end{cases}$$

▶ $\dfrac{5}{10} = \dfrac{-1}{\boxed{}} \neq \dfrac{1}{\boxed{}}$ 이므로

두 그래프는 서로 $\boxed{}$ 하다.

따라서 연립방정식의 해가 $\boxed{}$.

09
$$\begin{cases} x+\dfrac{1}{3}y=-1 \\ 3x+y=-3 \end{cases}$$

➝ **시험에는 이렇게 나온대.**

10 다음 연립방정식 중 해가 한 쌍인 것은?

① $\begin{cases} x+2y=1 \\ 2x+4y=2 \end{cases}$ ② $\begin{cases} x-y=2 \\ -x+y=4 \end{cases}$

③ $\begin{cases} 9x-6y=3 \\ 3x-2y=-1 \end{cases}$ ④ $\begin{cases} 2x-5y=5 \\ 2x+5y=10 \end{cases}$

⑤ $\begin{cases} 6x+3y=-9 \\ 4x+2y=-6 \end{cases}$

유형 1 두 그래프의 교점의 좌표를 이용하여 미지수의 값 구하기

두 일차방정식의 그래프의 교점의 좌표를 각각의 방정식에 대입하여 미지수의 값을 구한다.

예 두 일차방정식 $x+y=a$, $bx-y=3$의 그래프가 오른쪽 그림과 같을 때,
상수 a, b의 값을 각각 구하시오.

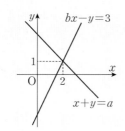

➡ $x=2$, $y=1$을 $x+y=a$에 대입하면 $2+1=a$ ∴ $a=3$

$x=2$, $y=1$을 $bx-y=3$에 대입하면 $2b-1=3$, $2b=4$ ∴ $b=2$

Skill

"두 일차방정식의 그래프의 교점의 좌표 = 연립방정식의 해"
➡ 각각의 방정식에 대입하면 식이 성립한다는 사실을 이용하자.

01 두 일차방정식의 그래프가 다음과 같을 때, 상수 a, b의 값을 각각 구하시오.

(1)
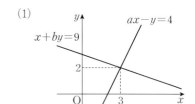

(2)
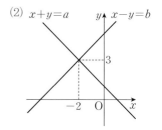

(3)
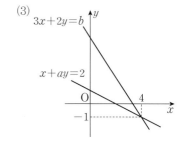

02 두 일차방정식의 그래프가 다음과 같을 때, 상수 a, b의 값을 각각 구하시오.

(1)
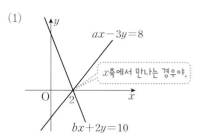

(2)
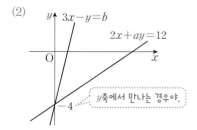

03 다음 두 일차방정식의 그래프의 교점의 좌표가 $(-1, -2)$일 때, 상수 a, b의 값을 각각 구하시오.

(1) $x+ay=-9$, $5x+by=-1$

(2) $3x-2y=a$, $bx-y=-5$

두 일차방정식 $ax+by+c=0$, $a'x+b'y+c'=0$의 그래프의 교점을 지나는 직선의 방정식은

❶ 연립방정식 $\begin{cases} ax+by+c=0 \\ a'x+b'y+c'=0 \end{cases}$ 의 해를 구한다.

❷ 기울기 또는 지나는 다른 한 점의 좌표를 이용하여 직선의 방정식을 구한다.

Skill 일단 연립방정식을 이용하여 교점의 좌표부터 구해.
교점의 좌표가 바로 방정식의 해가 되지!

---

04 두 일차방정식 $x+y=1$, $2x-y=5$의 그래프의 교점을 지나고 기울기가 -3인 직선의 방정식을 구하려고 한다. 다음 물음에 답하시오.

(1) 교점의 좌표를 구하시오.

(2) 직선의 방정식을 구하시오.

> 기울기와 한 점의
> 좌표를 알 때,
> 직선의 방정식을 구하는
> 방법을 떠올려봐.

05 두 일차방정식 $x-y=2$, $4x-3y=10$의 그래프의 교점을 지나고 기울기가 1인 직선의 방정식을 구하시오.

06 두 일차방정식 $2x+3y=7$, $3x-2y=-9$의 그래프의 교점을 지나고 기울기가 -2인 직선의 방정식을 구하시오.

---

07 두 일차방정식 $x-y=-2$, $x+3y=10$의 그래프의 교점과 점 $(2, 5)$를 지나는 직선의 방정식을 구하려고 한다. 다음 물음에 답하시오.

(1) 교점의 좌표를 구하시오.

(2) 직선의 방정식을 구하시오.

> 서로 다른 두 점의
> 좌표를 알 때,
> 직선의 방정식을 구하는
> 방법을 떠올려봐.

08 두 일차방정식 $2x+y=-1$, $2x-5y=-7$의 그래프의 교점과 점 $(1, -7)$을 지나는 직선의 방정식을 구하시오.

09 두 일차방정식 $3x+y=-2$, $x+4y=14$의 그래프의 교점을 지나고 x절편이 2인 직선의 방정식을 구하시오.

> x절편이 2라는 것은
> 점 $(2, 0)$을 지난다는 거야.

* 다음 일차방정식의 그래프의 기울기, x절편, y절편을 각각 구하시오. (**01~02**)

01 $2x-y+8=0$

02 $3x+2y-12=0$

03 다음 중 일차방정식 $x-4y-4=0$의 그래프에 대한 설명으로 옳은 것을 모두 고르시오.

> ㉠ 오른쪽 아래로 향하는 직선이다.
> ㉡ y축과 음의 부분에서 만난다.
> ㉢ 제2사분면을 지나지 않는다.
> ㉣ $y=4x$의 그래프와 평행하다.

04 일차방정식
$ax+y+b=0$의 그래프
가 오른쪽 그림과 같을 때,
상수 a, b의 부호를 각각
구하시오.

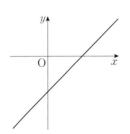

05 다음 중 일차방정식 $x+2y-5=0$의 그래프 위의 점인 것은?

① $(-3, 5)$ ② $(-1, -3)$
③ $(0, 2)$ ④ $(3, 1)$
⑤ $(5, -1)$

06 일차방정식 $5x+ay=8$의 그래프가 점 $(-2, 6)$을 지날 때, 상수 a의 값을 구하시오.

* 다음 그림과 같은 직선의 방정식을 구하시오. (**07~08**)

07

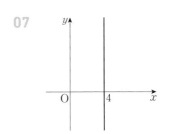

08

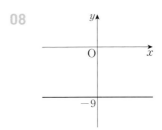

* 다음 조건을 만족시키는 직선의 방정식을 구하시오.
(**09~11**)

09 점 $(1, 5)$를 지나고 x축에 평행한 직선

10 점 $(-3, 7)$을 지나고 y축에 평행한 직선

11 두 점 $(2, -1)$, $(4, -1)$을 지나는 직선

✳ 아래의 그래프를 이용하여 다음 연립방정식의 해를 구하시오.
(12~14)

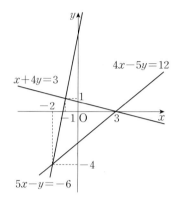

12 $\begin{cases} x+4y=3 \\ 4x-5y=12 \end{cases}$

13 $\begin{cases} x+4y=3 \\ 5x-y=-6 \end{cases}$

14 $\begin{cases} 4x-5y=12 \\ 5x-y=-6 \end{cases}$

✳ 연립방정식을 이용하여 다음 두 일차방정식의 그래프의 교점의 좌표를 구하시오. (15~16)

15 $x+y=5,\ 3x-y=7$

16 $x-2y=10,\ 2x+5y=-7$

17 두 일차방정식
$ax+y=3,\ x-2y=b$
의 그래프가 오른쪽 그림
과 같을 때, 상수 $a,\ b$의
값을 각각 구하시오.

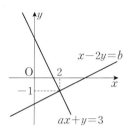

✳ 다음 연립방정식 중 해가 다음과 같은 것을 모두 고르시오.
(18~20)

ㄱ $\begin{cases} x+y=1 \\ x-y=-1 \end{cases}$　　ㄴ $\begin{cases} 2x-y=3 \\ 6x-3y=-9 \end{cases}$

ㄷ $\begin{cases} x+2y=1 \\ 4x+8y=4 \end{cases}$　　ㄹ $\begin{cases} 3x+4y=-1 \\ -3x-4y=2 \end{cases}$

ㅁ $\begin{cases} 5x-2y=10 \\ 2x-5y=10 \end{cases}$　　ㅂ $\begin{cases} x+\dfrac{1}{2}y=4 \\ 2x+y=8 \end{cases}$

18 해가 한 쌍인 것

19 해가 없는 것

20 해가 무수히 많은 것

스도쿠 게임

❋ 게임 규칙

❶ 모든 가로줄, 세로줄에 각 1에서 9까지의 숫자를 겹치지 않게 배열한다.

❷ 가로, 세로 3칸씩 이루어진 9칸의 격자 안에도 1에서 9까지의 숫자를 겹치지 않게 배열한다.

		2		4		7		9
6	7		2		9		1	
		9						6
7		4		9			3	
	9		5			2		7
2				1			6	
	5		6		4		7	
4		7		8				3
	8		7		5		9	

5	1	2	3	4	6	7	8	9
6	4	7	8	2	5	3	1	9
3	9	4	7	1	8	5	2	6
7	6	8	9	3	1	4	5	2
8	5	3	6	5	7	1	9	8
2	7	5	4	1	3	6	9	8
9	3	6	5	7	4	8	2	1
4	3	5	6	8	9	7	2	4
2	9	4	3	7	6	8	1	2

정답과 풀이

연산을 잡아야 수학이 쉬워진다!

기적의
중학연산

2B

길벗스쿨

Chapter Ⅳ 연립방정식

ACT 01
014~015쪽

01	×
02	○
03	×
04	○
05	×
06	×
07	○
08	$4y$, $1/3$, $1/3$, 1
09	$a=4$, $b=1$, $c=-7$
10	$a=3$, $b=-5$, $c=-2$
11	$a=1$, $b=2$, $c=5$
12	$a=3$, $b=-2$, $c=1$
13	$3y$, $3y$
14	$4x+2y=18$
15	$300x+500y=3600$
16	$x=y+2$
17	$10-x=y$
18	$5000x+8000y=60000$
19	○
20	×
21	○
22	×
23	②, ④

ACT 02
016~017쪽

01	○ / 3, 5
02	×
03	○
04	○
05	×
06	× / 1, −7
07	○
08	○
09	×
10	○
11	3, 2, 1 / 3, 2, 1
12	8, 6, 4, 2 / 8, 6, 4, 2
13	9, 6, 3, 0, −3 / (1, 9), (2, 6), (3, 3)
14	6, $\frac{9}{2}$, 3, $\frac{3}{2}$, 0 / (6, 1), (3, 3)
15	(1, 5), (2, 4), (3, 3), (4, 2), (5, 1)
16	(1, 6), (2, 4), (3, 2)
17	(12, 1), (9, 2), (6, 3), (3, 4)
18	(2, 7), (4, 4), (6, 1)
19	4개

ACT 03
018~019쪽

01	7 / 1 / 7 / 1
02	$x+y=5$, $1000x+1500y=6000$
03	$x=y+5$, $2x+3y=20$
04	× / 1 / 2, 3
05	○
06	×
07	○
08	2, 1 / 3, 1 / 3, 1
09	2, 3, 4, 5 / 10, 6, 2 / 2, 3
10	2, 4, 6, 8 / 11, 8, 5, 2 / 4, 2
11	(1, 4)
12	(3, 1)
13	(1, 3)
14	③

ACT+ 04
020~021쪽

01	(1) 2 (2) −1
02	②
03	6
04	(1) −7 (2) 2
05	③
06	$a=-1$, $b=9$
07	(1) $a=7$, $b=2$ (2) $a=6$, $b=-3$
08	$a=-2$, $b=-6$
09	$a=3$, $b=5$
10	③
11	①
12	$a=3$, $b=-3$

ACT 05
022~023쪽

01	4
02	−2
03	− / 6, 8 / −7, 7
04	+ / 4, 18 / 7, 21
05	8, 2 / 2 / 2, −7
06	$x=3$, $y=-2$
07	$x=-4$, $y=-1$
08	5, −3 / −3 / 6, 3
09	$x=2$, $y=1$
10	$x=-4$, $y=2$
11	$x=1$, $y=-1$
12	13, −1 / −1 / −2, 2
13	$x=3$, $y=-1$
14	$x=2$, $y=3$
15	③

ACT 06
024~025쪽

01	$2y+1$ / −1 / −1, −1
02	$x=4$, $y=5$
03	$x=2$, $y=1$
04	$-3x+1$ / −4 / −4, 13
05	$x=-1$, $y=1$
06	$x=3$, $y=4$
07	1 / 1, 1 / 1, 2
08	$x=-7$, $y=9$
09	$x=-2$, $y=-1$
10	$x=3$, $y=-2$
11	$x=-1$, $y=-5$
12	$x=4$, $y=-3$
13	$x=3$, $y=-1$
14	3

ACT 07
028~029쪽

01	2	05	7 / 6, 2 / 2, 1	09	$x=-2, y=2$	13	$x=2, y=0$
02	-5	06	$x=-3, y=-3$	10	$x=1, y=-1$	14	$x=-5, y=3$
03	3, 8	07	$x=-1, y=6$	11	$x=3, y=2$	15	④
04	$-3, 5$	08	2 / 2, 6 / -5, 1 / 1, 0	12	$x=1, y=-3$		

ACT 08
030~031쪽

01	6 / 2	06	$x=1, y=-1$	11	$x=-6, y=-2$
02	10 / 5	07	2 / 4, 3 / -34, -2 / -2, 3	12	$x=1, y=1$
03	12 / 8, 10	08	$x=6, y=2$	13	$x=-1, y=2$
04	2, 20 / 18, 2 / 2, 5	09	$x=0, y=4$	14	1
05	$x=-2, y=-3$	10	$x=5, y=7$		

ACT 09
032~033쪽

01	10 / 2, 5	06	$x=-4, y=2$	10	$x=-4, y=3$
02	10 / 4, 10	07	2, 1 / 2, 3 / 1, -1 / -1, -1	11	3, 9 / 2, -4 / 5, 1 / 1, 6
03	100 / 8, -12			12	$x=-2, y=-4$
04	3, -7 / 6, 2 / 2, -3	08	$x=9, y=1$	13	$x=3, y=5$
05	$x=7, y=0$	09	$x=6, y=-5$	14	④

ACT 10
034~035쪽

01	3 / 4, 2 / 2, 2	06	$x=5, y=6$	11	$x=4, y=2$
02	$x=3, y=6$	07	3 / 4 / 13, 1 / 1, -1	12	$x=-5, y=7$
03	$x=-2, y=1$	08	$x=2, y=1$	13	$x=3, y=-4$
04	$x=-3, y=-2$	09	$x=-6, y=-2$	14	$x=9, y=7$
05	$x=1, y=-1$	10	$x=1, y=-2$		

ACT 11
036~037쪽

01	15 / 무수히 많다	04	3, -9 / 없다	07	4, 6 / -3	11	4, $\neq$ / 2
02	해가 무수히 많다.	05	해가 없다.	08	-2	12	8
03	해가 무수히 많다.	06	해가 없다.	09	10	13	-3
				10	12	14	⑤

ACT+ 12
038~039쪽

01 ❷ 18, 8
❸ 13, 5 / 13, 5
❹ 13, 5

02 (1) $\begin{cases} x+y=27 \\ x=2y \end{cases}$
(2) 18, 9

03 (1) $\begin{cases} x-y=12 \\ 3y-x=4 \end{cases}$ (2) 20, 8

04 (1) $x+y=7$
(2) y / 10 / 10, y, $-$
(3) $\begin{cases} x+y=7 \\ 10y+x=(10x+y)-9 \end{cases}$
(4) $x=4, y=3$
(5) 43

05 (1) $\begin{cases} a+b=8 \\ 10b+a=(10a+b)+18 \end{cases}$
(2) 35

06 (1) $\begin{cases} x+y=6 \\ 10y+x=2(10x+y)-6 \end{cases}$
(2) 24

ACT+ 13
040~041쪽

01 (1) $x+y=10$ (2) 2 / 2
(3) $\begin{cases} x+y=10 \\ 4x+2y=28 \end{cases}$
(4) $x=4, y=6$
(5) 고양이 : 4마리, 닭 : 6마리

02 (1) $\begin{cases} x+y=13 \\ 2x+4y=36 \end{cases}$
(2) 오리 : 8마리, 돼지 : 5마리

03 (1) $\begin{cases} x+y=15 \\ 4x+2y=42 \end{cases}$
(2) 자동차 : 6대, 자전거 : 9대

04 (1) $x+y=8$ (2) 500 / 500
(3) $\begin{cases} x+y=8 \\ 100x+500y=2400 \end{cases}$
(4) $x=4, y=4$
(5) 지우개 : 4개, 볼펜 : 4개

05 (1) $\begin{cases} x+y=10 \\ 300x+800y=4500 \end{cases}$
(2) 사탕 : 7개, 초콜릿 : 3개

06 (1) $\begin{cases} 3x+y=10500 \\ 2x+3y=14000 \end{cases}$
(2) 떡볶이 : 2500원, 순대 : 3000원

ACT+ 14
042~043쪽

01
(1) $x+y=67$
(2) $16/2, 16$
(3) $\begin{cases} x+y=67 \\ x+16=2(y+16) \end{cases}$
(4) $x=50, y=17$
(5) 아버지 : 50살, 아들 : 17살

02
(1) $\begin{cases} x+y=62 \\ x-10=5(y-10) \end{cases}$
(2) 어머니 : 45살, 딸 : 17살

03
(1) $\begin{cases} x=3y \\ x+12=2(y+12) \end{cases}$
(2) 삼촌 : 36살, 지성 : 12살

04
(1) $x=y+2$
(2) $y, 32$
(3) $\begin{cases} x=y+2 \\ 2(x+y)=32 \end{cases}$
(4) $x=9, y=7$
(5) 가로 : 9 cm, 세로 : 7 cm

05
(1) $\begin{cases} x=2y \\ 2(x+y)=24 \end{cases}$
(2) 가로 : 8 cm, 세로 : 4 cm
(3) 32 cm^2

06
(1) $\begin{cases} y=x+4 \\ \dfrac{1}{2}(x+y)\times 6=42 \end{cases}$
(2) 윗변 : 5 cm, 아랫변 : 9 cm

ACT+ 15
044~045쪽

01
(1) $x+y=500$
(2) $5/5, 11$
(3) $\begin{cases} x+y=500 \\ \dfrac{10}{100}x-\dfrac{5}{100}y=11 \end{cases}$
(4) $x=240, y=260$
(5) 남학생 : 240명, 여학생 : 260명

02
(1) $\begin{cases} x+y=1000 \\ \dfrac{4}{100}x-\dfrac{6}{100}y=-5 \end{cases}$
(2) 남학생 : 550명, 여학생 : 450명
(3) $550/550, 22/550, 22, 572$

03
(1) $8y/8y, 1$
(2) $6x+4y=1$
(3) $\begin{cases} 4x+8y=1 \\ 6x+4y=1 \end{cases}$
(4) $x=\dfrac{1}{8}, y=\dfrac{1}{16}$
(5) 8일

04
(1) $3y/3y, 1$
(2) $x+6y=1$
(3) $\begin{cases} 2x+3y=1 \\ x+6y=1 \end{cases}$
(4) $x=\dfrac{1}{3}, y=\dfrac{1}{9}$
(5) 9시간

ACT+ 16
046~047쪽

01
(1) $x+y=5$
(2) $6/6, 1$
(3) $\begin{cases} x+y=5 \\ \dfrac{x}{3}+\dfrac{y}{6}=1 \end{cases}$
(4) 걸어간 거리 : 1 km,
   달려간 거리 : 4 km

02
(1) $y=x-2$
(2) $\dfrac{x}{2}+\dfrac{y}{3}=6$
(3) $\begin{cases} y=x-2 \\ \dfrac{x}{2}+\dfrac{y}{3}=6 \end{cases}$
(4) 올라간 거리 : 8 km,
   내려온 거리 : 6 km

03
(1) $x+y=200$
(2) $8/200/8, 200$
(3) $\begin{cases} x+y=200 \\ \dfrac{4}{100}x+\dfrac{8}{100}y=\dfrac{5}{100}\times 200 \end{cases}$
(4) 4 % : 150 g, 8 % : 50 g

04
(1) $\dfrac{x}{100}\times 100+\dfrac{y}{100}\times 200=\dfrac{8}{100}\times 300$
(2) $\dfrac{x}{100}\times 200+\dfrac{y}{100}\times 100=\dfrac{10}{100}\times 300$
(3) $\begin{cases} \dfrac{x}{100}\times 100+\dfrac{y}{100}\times 200=\dfrac{8}{100}\times 300 \\ \dfrac{x}{100}\times 200+\dfrac{y}{100}\times 100=\dfrac{10}{100}\times 300 \end{cases}$
(4) A : 12 %, B : 6 %

TEST 04
048~049쪽

01 ⑤
02 ②, ④
03 3개
04 -1
05 ③
06 $a=-2, b=-1$
07 $x=-5, y=2$
08 $x=-1, y=-2$
09 $x=-1, y=1$
10 $x=3, y=-2$
11 $x=3, y=1$
12 $x=-6, y=6$
13 $x=4, y=-3$
14 $x=-1, y=2$
15 $x=2, y=0$
16 ④
17 3
18 33, 8
19 18살
20 6 km

Chapter Ⅴ 일차함수와 그래프

ACT 17
054~055쪽

01 ○ / 5 / 6
02 × / 1, 3 / 1, 2, 4
03 × / 1 / 1 / 1, 3
04 ○ / 1 / 2 / 2 / 3
05 ○ / 10 / 20 / 30 / 40
06 ○ / 12 / 6 / 4 / 3
07 25 / 50 / 75 / 100
08 함수이다.
09 $y=25x$
10 3 / 6 / 9 / 12
11 함수이다.
12 $y=3x$
13 36 / 18 / 12 / 9
14 함수이다.
15 $y=\dfrac{36}{x}$
16 ○
17 ×
18 ○
19 ×
20 ○
21 ○
22 ③

ACT 18
056~057쪽

01 2, 8
02 −1, −4
03 0
04 −12
05 2
06 −3
07 12
08 −6
09 4
10 −3
11 2
12 −1
13 10
14 −1
15 2
16 −4
17 15
18 −2
19 3
20 −9
21 함수이다.
22 $700x$
23 4200
24 함수이다.
25 $\dfrac{6}{x}$
26 3
27 ②

ACT 19
060~061쪽

01 ○
02 ×
03 ○
04 ×
05 ×
06 ○
07 ×
08 ×
09 ○
10 ○
11 $x+5$, ○
12 $y=x^2$, ×
13 $y=100-x$, ○
14 $y=60x$, ○
15 $y=\dfrac{5}{x}$, ×
16 $y=5000-800x$, ○
17 ○
18 ×
19 ○
20 ×
21 ○
22 ○
23 ②, ⑤

ACT 20
062~063쪽

01 −4, −2, 0, 2, 4

(1) (2)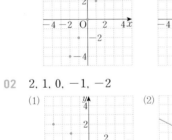

02 2, 1, 0, −1, −2

(1) 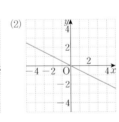 (2)

03 2, 3

04 3, 1

05 −2, 2

06 −4, 2

07 −1, 0

08 ④

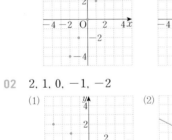
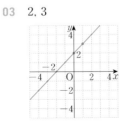
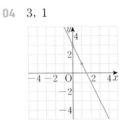
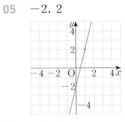
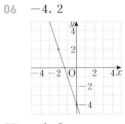
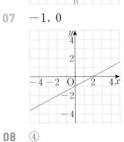

ACT 21
064~065쪽

01 $0, 1, 2 / 1, 2, 4, 5 /$
$-3, -2, -1, 1$
(1) 3 (2) -1

02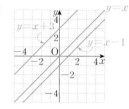

03 $4, 2, -4 / 3, 1, -1, -3 /$
$2, 0, -2, -4$
(1) 1 (2) -2

04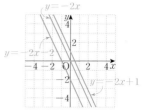

05 $\bigcirc : 4, \bigcirc : -3$

06 $\bigcirc : y=3x+4,$
$\bigcirc : y=3x-3$

07 $\bigcirc : 3, \bigcirc : -2$

08 $\bigcirc : y=-\dfrac{1}{2}x+3,$
$\bigcirc : y=-\dfrac{1}{2}x-2$

09 $y=5x-2$

10 $y=-3x+5$

11 $y=\dfrac{3}{4}x+1$

12 $y=-\dfrac{2}{5}x-3$

13 $y=x$

14 $y=-2x-5$

15 6

ACT 22
066~067쪽

01 (1) $(3, 0)$ (2) 3
(3) $(0, -3)$ (4) -3

02 (1) $(1, 0)$ (2) 1
(3) $(0, 2)$ (4) 2

03 $-2, 4$

04 $-4, -4$

05 $3, -2$

06 $-5, 5 / -5, 5$

07 $-1, -1$

08 $3, -9$

09 $4, 8$

10 $-2, 10$

11 $-1, -4$

12 $2, -1$

13 $10, 2$

14 $-6, 4$

15 $-4, -3$

16 ④

ACT 23
068~069쪽

01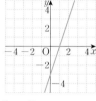

$1, -3$

02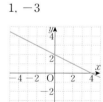

03 $-3 / 1 / -3, 1 / -3 / 1$

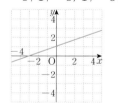

04 $1, -1$

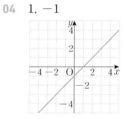

05 $-2, -4$

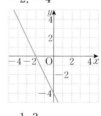

06 $-1, 3$

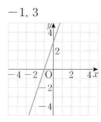

07 $2, -5$

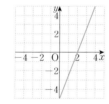

08 $4, 1$

09 ②

ACT 24
070~071쪽

01 $4, 7, 10 / 4, 3 / 4, 3, 3$

02 $1, 0, -1 / -1$

03 $-3, 1, 5, 9 / 4$

04 $5, 3, 1, -1 / -2$

05 $-2, -3, -4, -5 / -\dfrac{1}{2}$

06 $3, 1$

07 $-6, -3$

08 3

09 -2

10 $\dfrac{1}{2}$

11 $-\dfrac{3}{4}$

12 기울기 : 2,
x절편 : 2,
y절편 : -4

ACT 25
072~073쪽

01 1 / 2	06 -4	11 3	15 -2
02 -6	07 2	12 -4	16 $\dfrac{3}{4}$
03 4	08 -5	13 $\dfrac{1}{2}$	17 $-\dfrac{2}{3}$
04 -10	09 7, 1, 6, 2	14 1	
05 4 / 16	10 -1		18 ①

ACT 26
074~075쪽

01 1 / 1, -1

02

03 1, 1 / $-\dfrac{2}{3}$, 1 / 2 / 3, -1

04 2, -1

05 -3, 4

06 -1, -2

07 $\dfrac{3}{4}$, 1

08 $-\dfrac{1}{2}$, 3

09 ②

ACT+ 27
076~077쪽

01 (1) -3 (2) 5	05 (1) 8 (2) -15	10 (1) $y=3x-5$
02 (1) -2 (2) 6	06 5	(2) ㉠, ㉣
03 3	07 (1) × (2) ○ (3) ○ (4) ×	11 (1) $y=-x+3$
04 (1) 4 (2) $-\dfrac{1}{2}$	08 (1) -5 (2) 2 (3) 1	(2) -3
	09 (1) 3 (2) -6 (3) -1	12 2

ACT 28
080~081쪽

01 ㉠, ㉣	05 ㉠, ㉢	09 위 / $>$ / 양 / $>$	13 위 / $>$, $<$ / 음 / $<$
02 ㉡, ㉢	06 ㉡, ㉣	10 $a>0$, $b<0$	14 $a<0$, $b>0$
03 ㉠, ㉢	07 ㉡, ㉢	11 $a<0$, $b>0$	15 $a>0$, $b<0$
04 ㉣	08 ㉣	12 $a<0$, $b<0$	16 ⑤

ACT 29
082~083쪽

01 평행하다.	06 ㉡, ㉢	11 -3	16 2, 5
02 일치한다.	07 ㉠, ㉣	12 $\dfrac{1}{5}$	17 $a=-5$, $b=-1$
03 평행하다.	08 ㉠, ㉢	13 -2	18 $a=7$, $b=-3$
04 평행하다.	09 ㉡, ㉣	14 4	19 $a=-2$, $b=10$
05 일치한다.	10 4	15 -3	20 ⑤

ACT 30 084~085쪽	01 $y=2x+5$ 02 $y=-x+3$ 03 $y=\dfrac{1}{3}x-1$ 04 $y=-5x-8$ 05 $y=x+6$	06 $y=-4x+\dfrac{1}{2}$ 07 $y=3x-9$ 08 $y=-\dfrac{2}{5}x-3$ 09 8, 4 / 4 / $y=4x+1$	10 $y=-2x-4$ 11 $y=\dfrac{1}{2}x-7$ 12 $y=3x-1$ 13 $y=-\dfrac{3}{4}x+3$	14 2 / 2 / $y=2x-6$ 15 $y=-x+9$ 16 $y=5x-3$ 17 $y=-\dfrac{2}{3}x+2$ 18 1

ACT 31 086~087쪽	01 2 / 5 / $y=-x+5$ 02 $y=3x-7$ 03 $y=-2x-6$ 04 $y=4x+1$ 05 $y=-6x+3$ 06 $y=\dfrac{3}{2}x-4$	07 $y=-\dfrac{1}{3}x-2$ 08 $y=5x+10$ 09 $y=-3x+9$ 10 $-6 / -3 / -3 /$ 　　5, 6, -1 / 　　$y=-3x-1$ 11 $y=2x+5$	12 $y=-4x+2$ 13 $y=\dfrac{2}{3}x-7$ 14 $y=-\dfrac{1}{2}x+2$ 15 1 / x / 3, 7, -4 / 　　$y=x-4$	16 $y=-5x+7$ 17 $y=\dfrac{1}{4}x+3$ 18 $y=-2x-10$ 19 5

ACT 32 088~089쪽	01 7, 1, 3 / 3 / 3, -2 / 　　$y=3x-2$ 02 $y=-2x+3$ 03 $y=\dfrac{1}{2}x+5$	04 $y=-4x-9$ 05 $y=\dfrac{4}{3}x-1$ 06 $y=-\dfrac{3}{5}x+1$	07 $y=-5x-3$ 08 2, 4 / 4, 2, 1 / 　　-3, 2 / $y=x+2$ 09 $y=-\dfrac{1}{2}x-1$	10 $y=2x-3$ 11 $y=-3x+1$ 12 $y=\dfrac{2}{3}x-2$ 13 ③

ACT 33 090~091쪽	01 4 / 4, 2 / $y=2x+4$ 02 $y=-x+3$ 03 $y=\dfrac{1}{3}x-2$	04 $y=-\dfrac{3}{2}x+6$ 05 $y=5x-5$ 06 $y=-3x-9$ 07 $y=\dfrac{2}{5}x+4$	08 3 / 3, $-\dfrac{1}{2}$ / 　　$y=-\dfrac{1}{2}x+3$ 09 $y=3x-6$ 10 $y=-x-5$	11 $y=\dfrac{1}{4}x+1$ 12 $y=-2x+8$ 13 ④

ACT+ 34 092~093쪽	01 ❷ 3 ❸ 34, 34 ❹ 34 02 (1) $y=20+4x$ (2) 10분 03 (1) $y=25-6x$ (2) 1 ℃	04 (1) $\dfrac{1}{5}$ / $\dfrac{1}{5}$ (2) 18 / 18 (3) $\dfrac{1}{5}$, 75 / 75 05 (1) $y=80+6x$ (2) 98 cm (3) 5년 06 (1) $y=30+\dfrac{1}{2}x$ (2) 42 cm (3) 16 g

ACT+ 35 094~095쪽	01 (1) 2 / 2 (2) 70 / 70 (3) 2, 30, 30 02 (1) $y=45-3x$ (2) 18 L (3) 15분 03 (1) $y=35-\dfrac{1}{12}x$ (2) 30 L (3) 180 km	04 (1) 6, 3 (2) 9 / 9 (3) 3, 7 / 7 05 (1) $y=96-4x$ (2) 80 cm^2 06 (1) $y=72-9x$ (2) 6초

TEST 05 096~097쪽	01 ㉠, ㉢ 02 -3 03 12 04 ④ 05 $y=-5x+3$ 06 $y=x-1$	07 x절편 : -2, y절편 : 6, 기울기 : 3 08 x절편 : 5, y절편 : -10, 기울기 : 2 09 x절편 : 8, y절편 : 2, 기울기 : $-\dfrac{1}{4}$ 10 4　　13 $y=5x-1$ 11 -4　　14 $y=-2x+5$ 12 ⑤　　15 $y=\dfrac{1}{2}x+3$	16 $y=-4x+8$ 17 3 18 $a=-2$, $b=6$ 19 (1) $y=20+5x$ 　　(2) 70 ℃ 20 (1) $y=15-\dfrac{1}{3}x$ 　　(2) 45분

Chapter Ⅵ 일차함수와 일차방정식의 관계

ACT 36
102~103쪽

01 $-3, -1, 1, 3, 5$

(1) 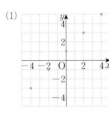 (2)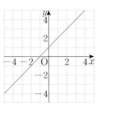

02 $3, 2, 1, 0, -1$

(1) 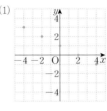 (2)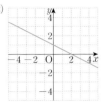

03 $6 / -\dfrac{1}{3}x+2$

04 $y=2x+7$

05 $y=\dfrac{1}{4}x-1$

06 $y=-6x-2$

07 $y=-\dfrac{2}{3}x+3$

08 $y=\dfrac{5}{2}x+5$

09 $4, 8 / -2, -2$

10 $-\dfrac{1}{5}, -5, -1$

11 $\dfrac{3}{2}, 2, -3$

12 ③

ACT 37
104~105쪽

01 $y=-x+2$

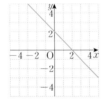

02 $y=3x+1$

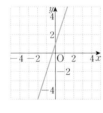

03 $y=-\dfrac{2}{3}x-2$

04 $y=\dfrac{3}{4}x-3$

05 ㉠, ㉡

06 ㉢, ㉣

07 ㉡, ㉢

08 ㉠, ㉡, ㉢

09 ㉢

10 ㉢, ㉣

11 $>$ / $>$, $<$

12 $a<0, b<0$

13 $a>0, b>0$

14 ㉠, ㉢

ACT 38
106~107쪽

01 $2, 2, 2, 2, 2$

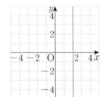

02 $-4, -4, -4, -4, -4$

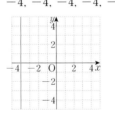

03 $3, 3, 3, 3, 3$

04 $-1, -1, -1, -1, -1$

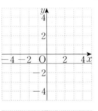

05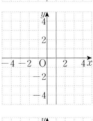

06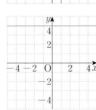

07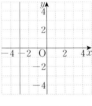

08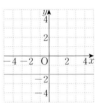

09 $x=3$

10 $y=1$

11 $x=-5$

12 $y=-7$

13 ㉡, ㉣

01 (1) $x=-3$ (2) $y=-5$
02 (1) $y=4$ (2) $x=6$
03 (1) $x=-2$ (2) $y=7$

04 (1) $a=3$ (2) $a=2$
05 (1) $a=6$ (2) $a=-1$
06 $y=3$
07 $x=1$

08 풀이참조, 20
09 풀이참조, 12
10 풀이참조, 21

11 $\dfrac{25}{2}$
12 $\dfrac{9}{2}$
13 9

01 $1 / 1$
02 $x=1$, $y=-2$
03 $x=-3$, $y=2$
04 $x=-4$, $y=-3$
05
$1, 3 / 1, 3$

06
$x=2$, $y=-1$

07
$x=-4$, $y=0$

08 $5, 3 / 5, 3$
09 $(-3, -3)$
10 $(-2, 4)$
11 $(1, -1)$
12 $(1, 4)$

01
평행 / 없다

02
일치 / 무수히 많다

03 $-2, -2$ / 평행 / 없다

04 일치한다. 해가 무수히 많다.
05 한 점에서 만난다. 한 쌍의 해를 갖는다.
06 평행하다. 해가 없다.
07 -1 / 한 점에서 만난다
08 $-2, 4$ / 평행 / 없다
09 일치한다. 해가 무수히 많다.
10 ④

01 (1) $a=2$, $b=3$
　 (2) $a=1$, $b=-5$
　 (3) $a=2$, $b=10$
02 (1) $a=4$, $b=5$
　 (2) $a=-3$, $b=4$

03 (1) $a=4$, $b=-2$
　 (2) $a=1$, $b=7$
04 (1) $(2, -1)$
　 (2) $y=-3x+5$
05 $y=x-2$

06 $y=-2x+1$
07 (1) $(1, 3)$ (2) $y=2x+1$
08 $y=-4x-3$
09 $y=-x+2$

01 기울기 : 2, x절편 : -4, y절편 : 8
02 기울기 : $-\dfrac{3}{2}$, x절편 : 4, y절편 : 6
03 ㉡, ㉢
04 $a<0$, $b>0$
05 ④
06 3
07 $x=4$

08 $y=-9$
09 $y=5$
10 $x=-3$
11 $y=-1$
12 $x=3$, $y=0$
13 $x=-1$, $y=1$
14 $x=-2$, $y=-4$

15 $(3, 2)$
16 $(4, -3)$
17 $a=2$, $b=4$
18 ㉠, ㉢
19 ㉡, ㉣
20 ㉢, ㉥

Chapter Ⅳ 연립방정식

ACT 01

014~015쪽

07 $x(y+1)=2y+xy+3$에서
$xy+x=2y+xy+3$, $x-2y-3=0$
따라서 미지수가 2개인 일차방정식이다.

09 $4x+2y=y+7$에서 $4x+y-7=0$
∴ $a=4$, $b=1$, $c=-7$

10 $x+3y-2=-2x+8y$에서 $3x-5y-2=0$
∴ $a=3$, $b=-5$, $c=-2$

11 $2(x+y)=x-5$에서 $2x+2y=x-5$
$x+2y+5=0$ ∴ $a=1$, $b=2$, $c=5$

12 $3(x-y)=-(y+1)$에서 $3x-3y=-y-1$
$3x-2y+1=0$ ∴ $a=3$, $b=-2$, $c=1$

14 돼지 x마리의 다리의 수 : $4x$(개)
닭 y마리의 다리의 수 : $2y$(개)
∴ $4x+2y=18$

19 $4x+5y=87$이므로 미지수가 2개인 일차방정식이다.

20 $xy=40$이므로 미지수가 2개인 일차방정식이 아니다.

21 $5000-800x=y$이므로 미지수가 2개인 일차방정식이다.

22 $xy=80$이므로 미지수가 2개인 일차방정식이 아니다.

23 ② $5x+y=8-y$에서 $5x+2y-8=0$
따라서 미지수가 2개인 일차방정식이다.
④ $x^2+3x-y=x^2$에서 $3x-y=0$
따라서 미지수가 2개인 일차방정식이다.
⑤ $x+4y=2(x+2y)-1$에서
$x+4y=2x+4y-1$, $-x+1=0$
따라서 미지수가 2개인 일차방정식이 아니다.

ACT 02

016~017쪽

02 $x=0$, $y=2$를 $2x+3y=5$에 대입하면
$2\times0+3\times2=6\neq5$
따라서 $(0,2)$는 해가 아니다.

03 $x=1$, $y=1$을 $2x+3y=5$에 대입하면
$2\times1+3\times1=5$
따라서 $(1,1)$은 해이다.

04 $x=4$, $y=-1$을 $2x+3y=5$에 대입하면
$2\times4+3\times(-1)=5$
따라서 $(4,-1)$은 해이다.

05 $x=-5$, $y=4$를 $2x+3y=5$에 대입하면
$2\times(-5)+3\times4=2\neq5$
따라서 $(-5,4)$는 해가 아니다.

07 $x=1$, $y=-2$를 $2x+y=0$에 대입하면
$2\times1-2=0$
따라서 $(1,-2)$를 해로 갖는다.

08 $x=1$, $y=-2$를 $3x-y=5$에 대입하면
$3\times1-(-2)=5$
따라서 $(1,-2)$를 해로 갖는다.

09 $x=1$, $y=-2$를 $4x+2y=1$에 대입하면
$4\times1+2\times(-2)=0\neq1$
따라서 $(1,-2)$를 해로 갖지 않는다.

10 $x=1$, $y=-2$를 $-5x+2y=-9$에 대입하면
$-5\times1+2\times(-2)=-9$
따라서 $(1,-2)$를 해로 갖는다.

13

x	1	2	3	4	5
y	9	6	3	0	-3

따라서 x, y가 자연수인 해는 $(1,9)$, $(2,6)$, $(3,3)$이다.

14

x	6	$\frac{9}{2}$	3	$\frac{3}{2}$	0
y	1	2	3	4	5

따라서 x, y가 자연수인 해는 $(6,1)$, $(3,3)$이다.

15

x	1	2	3	4	5
y	5	4	3	2	1

따라서 x, y가 자연수인 해는
$(1,5)$, $(2,4)$, $(3,3)$, $(4,2)$, $(5,1)$이다.

16

x	1	2	3	4
y	6	4	2	0

따라서 x, y가 자연수인 해는 $(1,6)$, $(2,4)$, $(3,2)$이다.

17

x	12	9	6	3	0
y	1	2	3	4	5

따라서 x, y가 자연수인 해는
$(12, 1)$, $(9, 2)$, $(6, 3)$, $(3, 4)$이다.

18

x	1	2	3	4	5	6
y	$\dfrac{17}{2}$	7	$\dfrac{11}{2}$	4	$\dfrac{5}{2}$	1

따라서 x, y가 자연수인 해는 $(2, 7)$, $(4, 4)$, $(6, 1)$이다.

19

x	13	9	5	1	-3
y	1	2	3	4	5

따라서 x, y가 자연수인 해는 $(13, 1)$, $(9, 2)$, $(5, 3)$, $(1, 4)$로 모두 4개이다.

ACT 03
018~019쪽

05 $x=2$, $y=1$을 $x-y=1$에 대입하면 $2-1=1$
$x=2$, $y=1$을 $x+2y=4$에 대입하면 $2+2\times1=4$
따라서 $x=2$, $y=1$을 해로 갖는다.

06 $x=2$, $y=1$을 $x+4y=6$에 대입하면 $2+4\times1=6$
$x=2$, $y=1$을 $3x-2y=-2$에 대입하면
$3\times2-2\times1=4\neq-2$
따라서 $x=2$, $y=1$을 해로 갖지 않는다.

07 $x=2$, $y=1$을 $2x-3y=1$에 대입하면 $2\times2-3\times1=1$
$x=2$, $y=1$을 $x-5y=-3$에 대입하면 $2-5\times1=-3$
따라서 $x=2$, $y=1$을 해로 갖는다.

11 $x+y=5$의 해

x	1	2	3	4
y	4	3	2	1

$x+2y=9$의 해

x	7	5	3	1
y	1	2	3	4

따라서 두 식을 동시에 만족시키는 해는 $(1, 4)$이다.

12 $x-y=2$의 해

x	3	4	5	6	$\cdots$
y	1	2	3	4	$\cdots$

$4x+y=13$의 해

x	1	2	3
y	9	5	1

따라서 두 식을 동시에 만족시키는 해는 $(3, 1)$이다.

13 $4x-y=1$의 해

x	1	2	3	4	$\cdots$
y	3	7	11	15	$\cdots$

$2x+y=5$의 해

x	1	2
y	3	1

따라서 두 식을 동시에 만족시키는 해는 $(1, 3)$이다.

14 $x=1$, $y=-3$을 $2x-3y=11$에 대입하면
$2\times1-3\times(-3)=11$
$x=1$, $y=-3$을 $4x+y=1$에 대입하면 $4\times1-3=1$
따라서 $(1, -3)$을 해로 갖는 것은 ③이다.

ACT+ 04
020~021쪽

01 (1) $x=1$, $y=2$를 $4x-y=a$에 대입하면
$4-2=a$ ∴ $a=2$
(2) $x=1$, $y=2$를 $ax+3y=5$에 대입하면
$a+6=5$ ∴ $a=-1$

02 $x=-3$, $y=4$를 $5x-ay=-3$에 대입하면
$-15-4a=-3$, $-4a=12$ ∴ $a=-3$

03 $x=2$, $y=-3$을 $(a+1)x+2y=8$에 대입하면
$2(a+1)-6=8$, $2a=12$ ∴ $a=6$

04 (1) $x=a$, $y=3$을 $x+2y=-1$에 대입하면
$a+6=-1$ ∴ $a=-7$
(2) $x=a$, $y=3$을 $7x-4y=2$에 대입하면
$7a-12=2$, $7a=14$ ∴ $a=2$

05 $x=2$, $y=a-1$을 $2x+3y=4$에 대입하면
$4+3(a-1)=4$, $3a=3$ ∴ $a=1$

06 $x=a$, $y=-1$을 $5x-2y=-3$에 대입하면
$5a+2=-3$, $5a=-5$ ∴ $a=-1$
$x=3$, $y=b$를 $5x-2y=-3$에 대입하면
$15-2b=-3$, $-2b=-18$ ∴ $b=9$

07 (1) $x=1$, $y=3$을 $x+2y=a$에 대입하면
$1+6=a$ ∴ $a=7$
$x=1$, $y=3$을 $x+by=7$에 대입하면
$1+3b=7$, $3b=6$ ∴ $b=2$
(2) $x=1$, $y=3$을 $ax-y=3$에 대입하면
$a-3=3$ ∴ $a=6$
$x=1$, $y=3$을 $4x+by=-5$에 대입하면
$4+3b=-5$, $3b=-9$ ∴ $b=-3$

08 $x=-3$, $y=5$를 $3x-ay=1$에 대입하면
$-9-5a=1$, $-5a=10$ $\therefore a=-2$
$x=-3$, $y=5$를 $bx-4y=-2$에 대입하면
$-3b-20=-2$, $-3b=18$ $\therefore b=-6$

09 $x=-2$, $y=-3$을 $ax+y=-9$에 대입하면
$-2a-3=-9$, $-2a=-6$ $\therefore a=3$
$x=-2$, $y=-3$을 $2x-3y=b$에 대입하면
$-4+9=b$ $\therefore b=5$

10 $x=2$, $y=-4$를 $5x+ay=-2$에 대입하면
$10-4a=-2$, $-4a=-12$ $\therefore a=3$
$x=2$, $y=-4$를 $5x-by=2$에 대입하면
$10+4b=2$, $4b=-8$ $\therefore b=-2$
$\therefore a+b=1$

11 $x=-5$, $y=2$를 $ax-3y=-7$에 대입하면
$-5a-6=-7$, $-5a=-1$ $\therefore a=\dfrac{1}{5}$
$x=-5$, $y=2$를 $4x-5y=b$에 대입하면
$-20-10=b$ $\therefore b=-30$
$\therefore ab=-6$

12 $x=b$, $y=1$을 $2x+7y=1$에 대입하면
$2b+7=1$, $2b=-6$ $\therefore b=-3$
$x=-3$, $y=1$을 $5x+ay=-12$에 대입하면
$-15+a=-12$ $\therefore a=3$

ACT 05

06 $\begin{cases} 2x-y=8 & \cdots\ \text{㉠} \\ 2x+5y=-4 & \cdots\ \text{㉡} \end{cases}$ 으로 놓자.

㉠$-$㉡을 하면
$$\begin{array}{r} 2x-\ y=8 \\ -)\ 2x+5y=-4 \\ \hline -6y=12 \end{array}$$ $\therefore y=-2$
$y=-2$를 ㉠에 대입하면
$2x+2=8$, $2x=6$ $\therefore x=3$

07 $\begin{cases} 3x+4y=-16 & \cdots\ \text{㉠} \\ x-4y=0 & \cdots\ \text{㉡} \end{cases}$ 으로 놓자.

㉠$+$㉡을 하면
$$\begin{array}{r} 3x+4y=-16 \\ +)\ x-4y=0 \\ \hline 4x=-16 \end{array}$$ $\therefore x=-4$
$x=-4$를 ㉡에 대입하면
$-4-4y=0$, $4y=-4$ $\therefore y=-1$

09 $\begin{cases} x-y=1 & \cdots\ \text{㉠} \\ 3x+2y=8 & \cdots\ \text{㉡} \end{cases}$ 으로 놓자.

㉠$\times2+$㉡을 하면
$$\begin{array}{r} 2x-2y=2 \\ +)\ 3x+2y=8 \\ \hline 5x=10 \end{array}$$ $\therefore x=2$
$x=2$를 ㉠에 대입하면
$2-y=1$ $\therefore y=1$

10 $\begin{cases} 4x+y=-14 & \cdots\ \text{㉠} \\ x+3y=2 & \cdots\ \text{㉡} \end{cases}$ 으로 놓자.

㉠$-$㉡$\times4$를 하면
$$\begin{array}{r} 4x+\ y=-14 \\ -)\ 4x+12y=8 \\ \hline -11y=-22 \end{array}$$ $\therefore y=2$
$y=2$를 ㉡에 대입하면
$x+6=2$ $\therefore x=-4$

11 $\begin{cases} 3x-5y=8 & \cdots\ \text{㉠} \\ -2x+y=-3 & \cdots\ \text{㉡} \end{cases}$ 으로 놓자.

㉠$+$㉡$\times5$를 하면
$$\begin{array}{r} 3x-5y=8 \\ +)\ -10x+5y=-15 \\ \hline -7x=-7 \end{array}$$ $\therefore x=1$
$x=1$을 ㉡에 대입하면
$-2+y=-3$ $\therefore y=-1$

13 $\begin{cases} 5x+3y=12 & \cdots\ \text{㉠} \\ 2x+5y=1 & \cdots\ \text{㉡} \end{cases}$ 으로 놓자.

㉠$\times2-$㉡$\times5$를 하면
$$\begin{array}{r} 10x+\ 6y=24 \\ -)\ 10x+25y=5 \\ \hline -19y=19 \end{array}$$ $\therefore y=-1$
$y=-1$을 ㉠에 대입하면
$5x-3=12$, $5x=15$ $\therefore x=3$

14 $\begin{cases} 3x-4y=-6 & \cdots\ \text{㉠} \\ -4x+5y=7 & \cdots\ \text{㉡} \end{cases}$ 으로 놓자.

㉠$\times4+$㉡$\times3$을 하면
$$\begin{array}{r} 12x-16y=-24 \\ +)\ -12x+15y=21 \\ \hline -y=-3 \end{array}$$ $\therefore y=3$
$y=3$을 ㉠에 대입하면
$3x-12=-6$, $3x=6$ $\therefore x=2$

15 x를 없애려면 x의 계수의 절댓값이 같아져야 하므로 ㉠$\times2$를 해야하고, 이때 두 식을 빼면 x항이 없어진다.
따라서 필요한 식은 ③ ㉠$\times2-$㉡이다.

12 _ 기적의 중학 연산 2B

02 $\begin{cases} x=y-1 & \cdots \ \text{㉠} \\ 3x-y=7 & \cdots \ \text{㉡} \end{cases}$ 으로 놓자.

㉠을 ㉡에 대입하면

$3(y-1)-y=7$　∴ $y=5$

$y=5$를 ㉠에 대입하면 $x=5-1=4$

03 $\begin{cases} y=5-2x & \cdots \ \text{㉠} \\ 4x-3y=5 & \cdots \ \text{㉡} \end{cases}$ 으로 놓자.

㉠을 ㉡에 대입하면

$4x-3(5-2x)=5$　∴ $x=2$

$x=2$를 ㉠에 대입하면 $y=5-4=1$

05 $\begin{cases} x=3y-4 & \cdots \ \text{㉠} \\ x=-2y+1 & \cdots \ \text{㉡} \end{cases}$ 으로 놓자.

㉠을 ㉡에 대입하면

$3y-4=-2y+1$　∴ $y=1$

$y=1$을 ㉠에 대입하면 $x=3-4=-1$

06 $\begin{cases} 2y=x+5 & \cdots \ \text{㉠} \\ 2y=5x-7 & \cdots \ \text{㉡} \end{cases}$ 으로 놓자.

㉠을 ㉡에 대입하면

$x+5=5x-7$　∴ $x=3$

$x=3$을 ㉠에 대입하면

$2y=8$　∴ $y=4$

08 $\begin{cases} x+y=2 & \cdots \ \text{㉠} \\ 4x+3y=-1 & \cdots \ \text{㉡} \end{cases}$ 으로 놓자.

㉠을 x에 대하여 풀면

$x=2-y$　$\cdots$ ㉢

㉢을 ㉡에 대입하면

$4(2-y)+3y=-1$　∴ $y=9$

$y=9$를 ㉢에 대입하면 $x=2-9=-7$

09 $\begin{cases} -2x+y=3 & \cdots \ \text{㉠} \\ 5x-3y=-7 & \cdots \ \text{㉡} \end{cases}$ 으로 놓자.

㉠을 y에 대하여 풀면

$y=2x+3$　$\cdots$ ㉢

㉢을 ㉡에 대입하면

$5x-3(2x+3)=-7$　∴ $x=-2$

$x=-2$를 ㉢에 대입하면 $y=-4+3=-1$

10 $\begin{cases} x-5y=13 & \cdots \ \text{㉠} \\ 2x+3y=0 & \cdots \ \text{㉡} \end{cases}$ 으로 놓자.

㉠을 x에 대하여 풀면

$x=5y+13$　$\cdots$ ㉢

㉢을 ㉡에 대입하면

$2(5y+13)+3y=0$　∴ $y=-2$

$y=-2$를 ㉢에 대입하면 $x=-10+13=3$

11 $\begin{cases} 7x-2y=3 & \cdots \ \text{㉠} \\ -4x+y=-1 & \cdots \ \text{㉡} \end{cases}$ 으로 놓자.

㉡을 y에 대하여 풀면

$y=4x-1$　$\cdots$ ㉢

㉢을 ㉠에 대입하면

$7x-2(4x-1)=3$　∴ $x=-1$

$x=-1$을 ㉢에 대입하면 $y=-4-1=-5$

12 $\begin{cases} x+3y=-5 & \cdots \ \text{㉠} \\ 2x-y=11 & \cdots \ \text{㉡} \end{cases}$ 으로 놓자.

㉡을 y에 대하여 풀면

$y=2x-11$　$\cdots$ ㉢

㉢을 ㉠에 대입하면

$x+3(2x-11)=-5$　∴ $x=4$

$x=4$를 ㉢에 대입하면 $y=8-11=-3$

13 $\begin{cases} x-4y=7 & \cdots \ \text{㉠} \\ 4x-y=13 & \cdots \ \text{㉡} \end{cases}$ 으로 놓자.

㉠을 x에 대하여 풀면

$x=4y+7$　$\cdots$ ㉢

㉢을 ㉡에 대입하면

$4(4y+7)-y=13$　∴ $y=-1$

$y=-1$을 ㉢에 대입하면 $x=-4+7=3$

14 $\begin{cases} x=3y-1 & \cdots \ \text{㉠} \\ 5x+2y=12 & \cdots \ \text{㉡} \end{cases}$ 으로 놓자.

㉠을 ㉡에 대입하면

$5(3y-1)+2y=12$　∴ $y=1$

$y=1$을 ㉠에 대입하면 $x=3-1=2$

∴ $x+y=3$

06 $\begin{cases} 2x-5y=9 & \cdots \ \text{㉠} \\ 2(x+3)-y=3 & \cdots \ \text{㉡} \end{cases}$ 으로 놓자.

㉡의 괄호를 풀어 정리하면

$2x-y=-3$　$\cdots$ ㉢

㉠-㉢을 하면

$-4y=12$　∴ $y=-3$

$y=-3$을 ㉢에 대입하면 $x=-3$

07 $\begin{cases} 5x-(x-y)=2 & \cdots \ \text{㉠} \\ 3x+2y=9 & \cdots \ \text{㉡} \end{cases}$ 으로 놓자.

㉠의 괄호를 풀어 정리하면

$4x+y=2$　$\cdots$ ㉢

㉡-㉢$\times 2$를 하면

$-5x=5$　∴ $x=-1$

$x=-1$을 ㉢에 대입하면 $y=6$

09 $\begin{cases} 4(x+1)+y=-2 & \cdots \text{㉠} \\ 7(x+3)-y=5 & \cdots \text{㉡} \end{cases}$ 으로 놓자.

㉠의 괄호를 풀어 정리하면

$4x+y=-6$ ⋯ ㉢

㉡의 괄호를 풀어 정리하면

$7x-y=-16$ ⋯ ㉣

㉢+㉣을 하면

$11x=-22$ ∴ $x=-2$

$x=-2$를 ㉢에 대입하면 $y=2$

10 $\begin{cases} x+2(x-y)=5 & \cdots \text{㉠} \\ 6x-(3x-y)=2 & \cdots \text{㉡} \end{cases}$ 으로 놓자.

㉠의 괄호를 풀어 정리하면

$3x-2y=5$ ⋯ ㉢

㉡의 괄호를 풀어 정리하면

$3x+y=2$ ⋯ ㉣

㉢-㉣을 하면

$-3y=3$ ∴ $y=-1$

$y=-1$을 ㉣에 대입하면 $x=1$

11 $\begin{cases} 3x-4(x-y)=5 & \cdots \text{㉠} \\ 3(x+2y)-2y=17 & \cdots \text{㉡} \end{cases}$ 으로 놓자.

㉠의 괄호를 풀어 정리하면

$-x+4y=5$ ⋯ ㉢

㉡의 괄호를 풀어 정리하면

$3x+4y=17$ ⋯ ㉣

㉢-㉣을 하면

$-4x=-12$ ∴ $x=3$

$x=3$을 ㉢에 대입하면 $y=2$

12 $\begin{cases} x+4(y+1)=-7 & \cdots \text{㉠} \\ 3(x-2)-2y=3 & \cdots \text{㉡} \end{cases}$ 으로 놓자.

㉠의 괄호를 풀어 정리하면

$x+4y=-11$ ⋯ ㉢

㉡의 괄호를 풀어 정리하면

$3x-2y=9$ ⋯ ㉣

㉢+㉣×2를 하면

$7x=7$ ∴ $x=1$

$x=1$을 ㉢에 대입하면 $y=-3$

13 $\begin{cases} 5(x+2y)=2(3y+5) & \cdots \text{㉠} \\ 2x-3(y-1)=7 & \cdots \text{㉡} \end{cases}$ 으로 놓자.

㉠의 괄호를 풀어 정리하면

$5x+4y=10$ ⋯ ㉢

㉡의 괄호를 풀어 정리하면

$2x-3y=4$ ⋯ ㉣

㉢×3+㉣×4를 하면

$23x=46$ ∴ $x=2$

$x=2$를 ㉢에 대입하면 $y=0$

14 $\begin{cases} 3(x+1)=2(1-y)-8 & \cdots \text{㉠} \\ 4(x-y)=3x-17 & \cdots \text{㉡} \end{cases}$ 으로 놓자.

㉠의 괄호를 풀어 정리하면

$3x+2y=-9$ ⋯ ㉢

㉡의 괄호를 풀어 정리하면

$x-4y=-17$ ⋯ ㉣

㉢-㉣×3을 하면

$14y=42$ ∴ $y=3$

$y=3$을 ㉣에 대입하면 $x=-5$

15 $\begin{cases} 2x-(x-2y)=10 & \cdots \text{㉠} \\ 5x-2(y-3)=8 & \cdots \text{㉡} \end{cases}$ 으로 놓자.

㉠의 괄호를 풀어 정리하면

$x+2y=10$ ⋯ ㉢

㉡의 괄호를 풀어 정리하면

$5x-2y=2$ ⋯ ㉣

㉢+㉣을 하면

$6x=12$ ∴ $x=2$

$x=2$를 ㉢에 대입하면 $y=4$

따라서 $a=2$, $b=4$이므로 $b-a=2$

ACT **08**   030~031쪽

05 $\begin{cases} \dfrac{x}{4}-\dfrac{y}{3}=\dfrac{1}{2} & \cdots \text{㉠} \\ 3x+2y=-12 & \cdots \text{㉡} \end{cases}$ 으로 놓자.

㉠×12를 하면

$3x-4y=6$ ⋯ ㉢

㉡-㉢을 하면

$6y=-18$ ∴ $y=-3$

$y=-3$을 ㉡에 대입하면 $x=-2$

06 $\begin{cases} x+6y=-5 & \cdots \text{㉠} \\ \dfrac{x}{3}-\dfrac{y}{6}=\dfrac{1}{2} & \cdots \text{㉡} \end{cases}$ 으로 놓자.

㉡×6을 하면

$2x-y=3$ ⋯ ㉢

㉠×2-㉢을 하면

$13y=-13$ ∴ $y=-1$

$y=-1$을 ㉠에 대입하면 $x=1$

08 $\begin{cases} \dfrac{x}{2}-y=1 & \cdots \text{㉠} \\ \dfrac{2}{3}x-\dfrac{y}{2}=3 & \cdots \text{㉡} \end{cases}$ 으로 놓자.

㉠×2을 하면

$x-2y=2$ ⋯ ㉢

㉡×6을 하면

$4x-3y=18$ ⋯ ㉣

㉢×4-㉣을 하면

$-5y=-10$ ∴ $y=2$

$y=2$를 ㉢에 대입하면 $x=6$

09 $\begin{cases} \dfrac{2}{3}x+\dfrac{1}{6}y=\dfrac{2}{3} & \cdots \text{㉠} \\ \dfrac{1}{5}x+\dfrac{1}{4}y=1 & \cdots \text{㉡} \end{cases}$ 으로 놓자.

㉠×6을 하면
$4x+y=4$ $\cdots$ ㉢
㉡×20을 하면
$4x+5y=20$ $\cdots$ ㉣
㉢−㉣을 하면
$-4y=-16$ $\therefore y=4$
$y=4$를 ㉢에 대입하면 $x=0$

10 $\begin{cases} \dfrac{x}{2}-\dfrac{y}{7}=\dfrac{3}{2} & \cdots \text{㉠} \\ \dfrac{x}{6}-\dfrac{y}{3}=-\dfrac{3}{2} & \cdots \text{㉡} \end{cases}$ 으로 놓자.

㉠×14를 하면
$7x-2y=21$ $\cdots$ ㉢
㉡×6을 하면
$x-2y=-9$ $\cdots$ ㉣
㉢−㉣을 하면
$6x=30$ $\therefore x=5$
$x=5$를 ㉣에 대입하면 $y=7$

11 $\begin{cases} \dfrac{x}{3}+y=-4 & \cdots \text{㉠} \\ \dfrac{x+y}{4}-\dfrac{y}{2}=-1 & \cdots \text{㉡} \end{cases}$ 으로 놓자.

㉠×3을 하면
$x+3y=-12$ $\cdots$ ㉢
㉡×4를 하여 정리하면
$x-y=-4$ $\cdots$ ㉣
㉢−㉣을 하면
$4y=-8$ $\therefore y=-2$
$y=-2$를 ㉣에 대입하면 $x=-6$

12 $\begin{cases} \dfrac{x}{2}-\dfrac{y}{5}=\dfrac{3}{10} & \cdots \text{㉠} \\ \dfrac{x}{4}=\dfrac{y+1}{8} & \cdots \text{㉡} \end{cases}$ 으로 놓자.

㉠×10을 하면
$5x-2y=3$ $\cdots$ ㉢
㉡×8를 하여 정리하면
$2x-y=1$ $\cdots$ ㉣
㉢−㉣×2를 하면 $x=1$
$x=1$을 ㉣에 대입하면 $y=1$

13 $\begin{cases} \dfrac{x}{5}+\dfrac{7}{10}y=\dfrac{6}{5} & \cdots \text{㉠} \\ \dfrac{x}{3}-\dfrac{y-1}{2}=-\dfrac{5}{6} & \cdots \text{㉡} \end{cases}$ 으로 놓자.

㉠×10을 하면
$2x+7y=12$ $\cdots$ ㉢
㉡×6를 하여 정리하면
$2x-3y=-8$ $\cdots$ ㉣

㉢−㉣을 하면
$10y=20$ $\therefore y=2$
$y=2$를 ㉣에 대입하면 $x=-1$

14 $\begin{cases} \dfrac{2}{5}x-\dfrac{1}{2}y=-1 & \cdots \text{㉠} \\ \dfrac{x}{3}+\dfrac{y}{4}=\dfrac{19}{6} & \cdots \text{㉡} \end{cases}$ 으로 놓자.

㉠×10을 하면
$4x-5y=-10$ $\cdots$ ㉢
㉡×12를 하면
$4x+3y=38$ $\cdots$ ㉣
㉢−㉣을 하면
$-8y=-48$ $\therefore y=6$
$y=6$을 ㉢에 대입하면 $x=5$
$x=5$, $y=6$을 $x+ay=11$에 대입하면
$5+6a=11$, $6a=6$ $\therefore a=1$

ACT 09   032~033쪽

05 $\begin{cases} x+3y=7 & \cdots \text{㉠} \\ 0.3x-0.5y=2.1 & \cdots \text{㉡} \end{cases}$ 으로 놓자.

㉡×10을 하면
$3x-5y=21$ $\cdots$ ㉢
㉠×3−㉢을 하면
$14y=0$ $\therefore y=0$
$y=0$을 ㉠에 대입하면 $x=7$

06 $\begin{cases} 2x-y=-10 & \cdots \text{㉠} \\ 0.01x+0.05y=0.06 & \cdots \text{㉡} \end{cases}$ 으로 놓자.

㉡×100을 하면
$x+5y=6$ $\cdots$ ㉢
㉠×5+㉢을 하면
$11x=-44$ $\therefore x=-4$
$x=-4$를 ㉢에 대입하면 $y=2$

08 $\begin{cases} 0.4x+0.3y=3.9 & \cdots \text{㉠} \\ 0.1x-0.6y=0.3 & \cdots \text{㉡} \end{cases}$ 으로 놓자.

㉠×10을 하면
$4x+3y=39$ $\cdots$ ㉢
㉡×10을 하면
$x-6y=3$ $\cdots$ ㉣
㉢−㉣×4를 하면
$27y=27$ $\therefore y=1$
$y=1$을 ㉣에 대입하면 $x=9$

09
$$\begin{cases} 0.1x+0.2y=-0.4 & \cdots \text{㉠} \\ 0.05x+0.08y=-0.1 & \cdots \text{㉡} \end{cases} \text{으로 놓자.}$$
㉠×10을 하면
$x+2y=-4 \qquad \cdots \text{㉢}$
㉡×100을 하면
$5x+8y=-10 \qquad \cdots \text{㉣}$
㉢×5−㉣을 하면
$2y=-10 \qquad \therefore y=-5$
$y=-5$를 ㉢에 대입하면 $x=6$

10
$$\begin{cases} 0.03x-0.05y=-0.27 & \cdots \text{㉠} \\ 0.01x+0.08y=0.2 & \cdots \text{㉡} \end{cases} \text{으로 놓자.}$$
㉠×100을 하면
$3x-5y=-27 \qquad \cdots \text{㉢}$
㉡×100을 하면
$x+8y=20 \qquad \cdots \text{㉣}$
㉢−㉣×3을 하면
$-29y=-87 \qquad \therefore y=3$
$y=3$을 ㉣에 대입하면 $x=-4$

12
$$\begin{cases} x-\dfrac{5}{6}y=\dfrac{4}{3} & \cdots \text{㉠} \\ 0.3x+0.2y=-1.4 & \cdots \text{㉡} \end{cases} \text{으로 놓자.}$$
㉠×6을 하면
$6x-5y=8 \qquad \cdots \text{㉢}$
㉡×10을 하면
$3x+2y=-14 \qquad \cdots \text{㉣}$
㉢−㉣×2를 하면
$-9y=36 \qquad \therefore y=-4$
$y=-4$를 ㉢에 대입하면 $x=-2$

13
$$\begin{cases} \dfrac{2}{3}x-\dfrac{y}{5}=1 & \cdots \text{㉠} \\ 0.02x-0.03y=-0.09 & \cdots \text{㉡} \end{cases} \text{으로 놓자.}$$
㉠×15를 하면
$10x-3y=15 \qquad \cdots \text{㉢}$
㉡×100을 하면
$2x-3y=-9 \qquad \cdots \text{㉣}$
㉢−㉣을 하면
$8x=24 \qquad \therefore x=3$
$x=3$을 ㉣에 대입하면 $y=5$

14
$$\begin{cases} 0.2(x+y)-0.3y=1 & \cdots \text{㉠} \\ \dfrac{x}{2}+\dfrac{y-1}{6}=\dfrac{2}{3} & \cdots \text{㉡} \end{cases} \text{으로 놓자.}$$
㉠×10을 하여 정리하면
$2x-y=10 \qquad \cdots \text{㉢}$
㉡×6을 하여 정리하면
$3x+y=5 \qquad \cdots \text{㉣}$
㉢+㉣을 하면
$5x=15 \qquad \therefore x=3$
$x=3$을 ㉣에 대입하면 $y=-4$

02
$$\begin{cases} x+y=9 & \cdots \text{㉠} \\ 5x-y=9 & \cdots \text{㉡} \end{cases} \text{으로 놓자.}$$
㉠+㉡을 하면
$6x=18 \qquad \therefore x=3$
$x=3$을 ㉠에 대입하면 $y=6$

03
$$\begin{cases} 4x+5y=-3 & \cdots \text{㉠} \\ 2x+y=-3 & \cdots \text{㉡} \end{cases} \text{으로 놓자.}$$
㉠−㉡×5를 하면
$-6x=12 \qquad \therefore x=-2$
$x=-2$를 ㉡에 대입하면 $y=1$

04
$$\begin{cases} 3x-4y=-1 & \cdots \text{㉠} \\ x-y=-1 & \cdots \text{㉡} \end{cases} \text{으로 놓자.}$$
㉠−㉡×3을 하면
$-y=2 \qquad \therefore y=-2$
$y=-2$를 ㉡에 대입하면 $x=-3$

05
$$\begin{cases} 8x+5y=3 \\ 3x+2y+2=3 \end{cases} \Rightarrow \begin{cases} 8x+5y=3 & \cdots \text{㉠} \\ 3x+2y=1 & \cdots \text{㉡} \end{cases} \text{으로 놓자.}$$
㉠×2−㉡×5를 하면 $x=1$
$x=1$을 ㉠에 대입하면 $y=-1$

06
$$\begin{cases} 5x-2y+4=17 \\ 7x-3y=17 \end{cases} \Rightarrow \begin{cases} 5x-2y=13 & \cdots \text{㉠} \\ 7x-3y=17 & \cdots \text{㉡} \end{cases} \text{으로 놓자.}$$
㉠×3−㉡×2를 하면 $x=5$
$x=5$를 ㉠에 대입하면 $y=6$

08
$$\begin{cases} 3x-2y=2x+y-1 & \cdots \text{㉠} \\ 2x+y-1=x-3y+5 & \cdots \text{㉡} \end{cases} \text{으로 놓자.}$$
㉠을 간단히 정리하면
$x-3y=-1 \qquad \cdots \text{㉢}$
㉡을 간단히 정리하면
$x+4y=6 \qquad \cdots \text{㉣}$
㉢−㉣을 하면
$-7y=-7 \qquad \therefore y=1$
$y=1$을 ㉢에 대입하면 $x=2$

09
$$\begin{cases} x+y-18=5x-2y & \cdots \text{㉠} \\ 5x-2y=3x+4y & \cdots \text{㉡} \end{cases} \text{으로 놓자.}$$
㉠을 간단히 정리하면
$4x-3y=-18 \qquad \cdots \text{㉢}$
㉡을 간단히 정리하면
$2x-6y=0 \qquad \cdots \text{㉣}$
㉢−㉣×2를 하면
$9y=-18 \qquad \therefore y=-2$
$y=-2$를 ㉣에 대입하면 $x=-6$

10 $\begin{cases} 5x-6y-7=4x-3y & \cdots \text{㉠} \\ x-y+7=4x-3y & \cdots \text{㉡} \end{cases}$ 으로 놓자.

㉠을 간단히 정리하면

$x-3y=7$ $\qquad\cdots$ ㉢

㉡을 간단히 정리하면

$3x-2y=7$ $\qquad\cdots$ ㉣

㉢$\times3-$㉣을 하면

$-7y=14$ $\quad\therefore y=-2$

$y=-2$를 ㉢에 대입하면 $x=1$

11 $\begin{cases} 3(x-2)+2y=2x+y & \cdots \text{㉠} \\ 2x+y=4y-x+6 & \cdots \text{㉡} \end{cases}$ 으로 놓자.

㉠을 간단히 정리하면

$x+y=6$ $\qquad\cdots$ ㉢

㉡을 간단히 정리하면

$x-y=2$ $\qquad\cdots$ ㉣

㉢$+$㉣을 하면

$2x=8$ $\quad\therefore x=4$

$x=4$를 ㉢에 대입하면 $y=2$

12 $\begin{cases} \dfrac{3x+y}{2}=-4 & \cdots \text{㉠} \\ \dfrac{x-y}{3}=-4 & \cdots \text{㉡} \end{cases}$ 으로 놓자.

㉠$\times2$를 하면

$3x+y=-8$ $\qquad\cdots$ ㉢

㉡$\times3$을 하면

$x-y=-12$ $\qquad\cdots$ ㉣

㉢$+$㉣을 하면

$4x=-20$ $\quad\therefore x=-5$

$x=-5$를 ㉣에 대입하면 $y=7$

13 $\begin{cases} 0.2x-0.1y=1 & \cdots \text{㉠} \\ 0.6x+0.2y=1 & \cdots \text{㉡} \end{cases}$ 으로 놓자.

㉠$\times10$을 하면

$2x-y=10$ $\qquad\cdots$ ㉢

㉡$\times10$을 하면

$6x+2y=10$ $\qquad\cdots$ ㉣

㉢$\times2+$㉣을 하면

$10x=30$ $\quad\therefore x=3$

$x=3$을 ㉣에 대입하면 $y=-4$

14 $\begin{cases} \dfrac{3x-y}{4}=\dfrac{x+1}{2} & \cdots \text{㉠} \\ \dfrac{x+1}{2}=\dfrac{2x+y}{5} & \cdots \text{㉡} \end{cases}$ 으로 놓자.

㉠$\times4$를 하여 간단히 정리하면

$x-y=2$ $\qquad\cdots$ ㉢

㉡$\times10$을 하여 간단히 정리하면

$x-2y=-5$ $\qquad\cdots$ ㉣

㉢$-$㉣을 하면 $y=7$

$y=7$을 ㉢에 대입하면 $x=9$

036~037쪽

02 $\begin{cases} 3x-y=5 & \cdots \text{㉠} \\ 12x-4y=20 & \cdots \text{㉡} \end{cases}$ 으로 놓자.

㉠$\times4$를 하면 $12x-4y=20$ $\qquad\cdots$ ㉢

이때 ㉡과 ㉢의 x, y의 계수와 상수항이 각각 같다.

따라서 구하는 연립방정식의 해가 무수히 많다.

03 $\begin{cases} 2x-4y=-6 \\ x=2y-3 \end{cases}$ $\Rightarrow$ $\begin{cases} 2x-4y=-6 & \cdots \text{㉠} \\ x-2y=-3 & \cdots \text{㉡} \end{cases}$ 으로 놓자.

㉡$\times2$를 하면 $2x-4y=-6$ $\qquad\cdots$ ㉢

이때 ㉠과 ㉢의 x, y의 계수와 상수항이 각각 같다.

따라서 구하는 연립방정식의 해가 무수히 많다.

05 $\begin{cases} x-\dfrac{3}{2}y=3 & \cdots \text{㉠} \\ 2x-3y=9 & \cdots \text{㉡} \end{cases}$ 으로 놓자.

㉠$\times2$를 하면 $2x-3y=6$ $\qquad\cdots$ ㉢

이때 ㉡과 ㉢의 x, y의 계수는 각각 같고 상수항이 다르다.

따라서 구하는 연립방정식의 해가 없다.

06 $\begin{cases} -x+2y=1 & \cdots \text{㉠} \\ 4x-8y=-6 & \cdots \text{㉡} \end{cases}$ 으로 놓자.

㉠$\times(-4)$를 하면 $4x-8y=-4$ $\qquad\cdots$ ㉢

이때 ㉡과 ㉢의 x, y의 계수는 각각 같고 상수항이 다르다.

따라서 구하는 연립방정식의 해가 없다.

08 연립방정식의 해가 무수히 많으려면

$\dfrac{1}{3}=\dfrac{3}{9}=\dfrac{a}{-6}$ $\qquad\therefore a=-2$

09 연립방정식의 해가 무수히 많으려면

$\dfrac{1}{-5}=\dfrac{-2}{a}=\dfrac{-1}{5}$ $\qquad\therefore a=10$

10 연립방정식의 해가 무수히 많으려면

$\dfrac{3}{a}=\dfrac{-2}{-8}=\dfrac{5}{20}$ $\qquad\therefore a=12$

12 연립방정식의 해가 존재하지 않으려면

$\dfrac{1}{4}=\dfrac{2}{a}\ne\dfrac{2}{10}$ $\qquad\therefore a=8$

13 연립방정식의 해가 존재하지 않으려면

$\dfrac{9}{a}=\dfrac{6}{-2}\ne\dfrac{2}{1}$ $\qquad\therefore a=-3$

14 ① $x=1$, $y=0$

② 해가 무수히 많다.

③ $x=8$, $y=8$

④ $x=-\dfrac{2}{3}$, $y=3$

⑤ 해가 없다.

$\begin{cases} x+y=6 & \cdots \ \text{㉠} \\ 19x-8y=6 & \cdots \ \text{㉡} \end{cases}$ 으로 놓자.

㉠$\times 8+$㉡을 하면 $27x=54$ $\qquad \therefore \ x=2$

$x=2$를 ㉠에 대입하면 $y=4$

따라서 처음 두 자리 자연수는 24이다.

02 (1) 두 수의 합이 27이므로 $x+y=27$

큰 수가 작은 수의 2배이므로 $x=2y$

$\therefore \ \begin{cases} x+y=27 \\ x=2y \end{cases}$

(2) $\begin{cases} x+y=27 & \cdots \ \text{㉠} \\ x=2y & \cdots \ \text{㉡} \end{cases}$ 으로 놓자.

㉡을 ㉠에 대입하면 $2y+y=27$ $\qquad \therefore \ y=9$

$y=9$를 ㉡에 대입하면 $x=18$

따라서 구하는 두 수는 18, 9이다.

03 (1) 두 수의 차가 12이므로 $x-y=12$

작은 수의 3배에서 큰 수를 빼면 4가 되므로 $3y-x=4$

$\therefore \ \begin{cases} x-y=12 \\ 3y-x=4 \end{cases}$

(2) $\begin{cases} x-y=12 & \cdots \ \text{㉠} \\ 3y-x=4 & \cdots \ \text{㉡} \end{cases}$ 으로 놓자.

㉠$+$㉡을 하면 $2y=16$ $\qquad \therefore \ y=8$

$y=8$을 ㉠에 대입하면 $x=20$

따라서 구하는 두 수는 20, 8이다.

04 (4) $\begin{cases} x+y=7 \\ 10y+x=(10x+y)-9 \end{cases}$ 에서

$\begin{cases} x+y=7 & \cdots \ \text{㉠} \\ x-y=1 & \cdots \ \text{㉡} \end{cases}$ 으로 놓자.

㉠$+$㉡을 하면 $2x=8$ $\qquad \therefore \ x=4$

$x=4$를 ㉠에 대입하면 $y=3$

(5) $x=4$, $y=3$이므로 처음 두 자리 자연수는 43이다.

05 (1) 각 자리의 숫자의 합이 8이므로 $a+b=8$

십의 자리의 숫자와 일의 자리의 숫자를 바꾼 수는 처음 수보다 18만큼 크므로

$10b+a=(10a+b)+18$

$\therefore \ \begin{cases} a+b=8 \\ 10b+a=(10a+b)+18 \end{cases}$

(2) $\begin{cases} a+b=8 \\ 10b+a=(10a+b)+18 \end{cases}$ 에서

$\begin{cases} a+b=8 & \cdots \ \text{㉠} \\ a-b=-2 & \cdots \ \text{㉡} \end{cases}$ 으로 놓자.

㉠$+$㉡을 하면 $2a=6$ $\qquad \therefore \ a=3$

$a=3$을 ㉠에 대입하면 $b=5$

따라서 처음 두 자리 자연수는 35이다.

06 (1) $\begin{cases} x+y=6 \\ 10y+x=2(10x+y)-6 \end{cases}$

(2) $\begin{cases} x+y=6 \\ 10y+x=2(10x+y)-6 \end{cases}$ 에서

01 (4) $\begin{cases} x+y=10 \\ 4x+2y=28 \end{cases}$ 에서

$\begin{cases} x+y=10 & \cdots \ \text{㉠} \\ 2x+y=14 & \cdots \ \text{㉡} \end{cases}$ 으로 놓자.

㉡$-$㉠을 하면 $x=4$

$x=4$를 ㉠에 대입하면 $y=6$

(5) $x=4$, $y=6$이므로 고양이는 4마리, 닭은 6마리이다.

02 (1) 오리와 돼지가 총 13마리 있으므로

$x+y=13$

오리와 돼지의 다리 수의 합이 36개이므로

$2x+4y=36$

$\therefore \ \begin{cases} x+y=13 \\ 2x+4y=36 \end{cases}$

(2) $\begin{cases} x+y=13 \\ 2x+4y=36 \end{cases}$ 에서

$\begin{cases} x+y=13 & \cdots \ \text{㉠} \\ x+2y=18 & \cdots \ \text{㉡} \end{cases}$ 으로 놓자.

㉡$-$㉠을 하면 $y=5$

$y=5$를 ㉠에 대입하면 $x=8$

따라서 오리는 8마리, 돼지는 5마리이다.

03 (1) $\begin{cases} x+y=15 \\ 4x+2y=42 \end{cases}$

(2) $\begin{cases} x+y=15 \\ 4x+2y=42 \end{cases}$ 에서

$\begin{cases} x+y=15 & \cdots \ \text{㉠} \\ 2x+y=21 & \cdots \ \text{㉡} \end{cases}$ 으로 놓자.

㉡$-$㉠을 하면 $x=6$

$x=6$을 ㉠에 대입하면 $y=9$

따라서 자동차는 6대, 자전거는 9대이다.

04 (4) $\begin{cases} x+y=8 \\ 100x+500y=2400 \end{cases}$ 에서

$\begin{cases} x+y=8 & \cdots \ \text{㉠} \\ x+5y=24 & \cdots \ \text{㉡} \end{cases}$ 으로 놓자.

㉡$-$㉠을 하면

$4y=16$ $\qquad \therefore \ y=4$

$y=4$를 ㉠에 대입하면 $x=4$

(5) $x=4$, $y=4$이므로 지우개는 4개, 볼펜은 4개이다.

05 (1) 사탕과 초콜릿을 합하여 10개를 샀으므로
$x+y=10$
총 금액이 4500원이므로
$300x+800y=4500$
$\therefore \begin{cases} x+y=10 \\ 300x+800y=4500 \end{cases}$

(2) $\begin{cases} x+y=10 \\ 300x+800y=4500 \end{cases}$ 에서
$\begin{cases} x+y=10 & \cdots \text{㉠} \\ 3x+8y=45 & \cdots \text{㉡} \end{cases}$ 으로 놓자.
㉠×3−㉡을 하면
$-5y=-15$ $\therefore y=3$
$y=3$을 ㉠에 대입하면 $x=7$
따라서 사탕은 7개, 초콜릿은 3개이다.

06 (1) $\begin{cases} 3x+y=10500 \\ 2x+3y=14000 \end{cases}$

(2) $\begin{cases} 3x+y=10500 & \cdots \text{㉠} \\ 2x+3y=14000 & \cdots \text{㉡} \end{cases}$ 으로 놓자.
㉠×3−㉡을 하면
$7x=17500$ $\therefore x=2500$
$x=2500$을 ㉠에 대입하면 $y=3000$
따라서 떡볶이 1인분의 가격은 2500원, 순대 1인분의 가격은 3000원이다.

ACT+ 14   042~043쪽

01 (4) $\begin{cases} x+y=67 \\ x+16=2(y+16) \end{cases}$ 에서
$\begin{cases} x+y=67 & \cdots \text{㉠} \\ x-2y=16 & \cdots \text{㉡} \end{cases}$ 으로 놓자.
㉠−㉡을 하면
$3y=51$ $\therefore y=17$
$y=17$을 ㉠에 대입하면 $x=50$

(5) $x=50$, $y=17$이므로
현재 아버지는 50살, 아들은 17살이다.

02 (1) 현재 어머니와 딸의 나이의 합은 62살이므로
$x+y=62$
10년 전에는 어머니의 나이가 딸의 나이의 5배였으므로
$x-10=5(y-10)$
$\therefore \begin{cases} x+y=62 \\ x-10=5(y-10) \end{cases}$

(2) $\begin{cases} x+y=62 \\ x-10=5(y-10) \end{cases}$ 에서
$\begin{cases} x+y=62 & \cdots \text{㉠} \\ x-5y=-40 & \cdots \text{㉡} \end{cases}$ 으로 놓자.

㉠−㉡을 하면
$6y=102$ $\therefore y=17$
$y=17$을 ㉠에 대입하면 $x=45$
따라서 현재 어머니는 45살, 딸은 17살이다.

03 (1) $\begin{cases} x=3y \\ x+12=2(y+12) \end{cases}$

(2) $\begin{cases} x=3y \\ x+12=2(y+12) \end{cases}$ 에서
$\begin{cases} x=3y & \cdots \text{㉠} \\ x-2y=12 & \cdots \text{㉡} \end{cases}$ 으로 놓자.
㉠을 ㉡에 대입하면
$3y-2y=12$ $\therefore y=12$
$y=12$를 ㉠에 대입하면 $x=36$
따라서 현재 삼촌은 36살, 지성이는 12살이다.

04 (4) $\begin{cases} x=y+2 \\ 2(x+y)=32 \end{cases}$ 에서
$\begin{cases} x-y=2 & \cdots \text{㉠} \\ x+y=16 & \cdots \text{㉡} \end{cases}$ 으로 놓자.
㉠+㉡을 하면
$2x=18$ $\therefore x=9$
$x=9$를 ㉠에 대입하면 $y=7$

(5) $x=9$, $y=7$이므로 가로의 길이는 9 cm, 세로의 길이는 7 cm이다.

05 (1) 가로의 길이가 세로의 길이의 2배이므로 $x=2y$
직사각형의 둘레의 길이가 24 cm이므로
$2(x+y)=24$
$\therefore \begin{cases} x=2y \\ 2(x+y)=24 \end{cases}$

(2) $\begin{cases} x=2y \\ 2(x+y)=24 \end{cases}$ 에서
$\begin{cases} x=2y & \cdots \text{㉠} \\ x+y=12 & \cdots \text{㉡} \end{cases}$ 으로 놓자.
㉠을 ㉡에 대입하면
$2y+y=12$ $\therefore y=4$
$y=4$를 ㉠에 대입하면 $x=8$
따라서 가로의 길이는 8 cm, 세로의 길이는 4 cm이다.

(3) $8 \times 4 = 32 \, (\text{cm}^2)$

06 (1) $\begin{cases} y=x+4 \\ \dfrac{1}{2}(x+y) \times 6 = 42 \end{cases}$

(2) $\begin{cases} y=x+4 \\ \dfrac{1}{2}(x+y) \times 6 = 42 \end{cases}$ 에서
$\begin{cases} x-y=-4 & \cdots \text{㉠} \\ x+y=14 & \cdots \text{㉡} \end{cases}$ 으로 놓자.
㉠+㉡을 하면
$2x=10$ $\therefore x=5$
$x=5$를 ㉠에 대입하면 $y=9$
따라서 윗변의 길이는 5 cm, 아랫변의 길이는 9 cm이다.

01 (4) $\begin{cases} x+y=500 \\ \dfrac{10}{100}x-\dfrac{5}{100}y=11 \end{cases}$ 에서

$\begin{cases} x+y=500 & \cdots \text{㉠} \\ 2x-y=220 & \cdots \text{㉡} \end{cases}$ 으로 놓자.

㉠+㉡을 하면

$3x=720$ $\therefore x=240$

$x=240$을 ㉠에 대입하면 $y=260$

(5) $x=240$, $y=260$이므로 작년의 남학생 수는 240명, 여학생 수는 260명이다.

02 (1) 작년의 남학생 수와 여학생 수의 합이 1000명이므로

$x+y=1000$

(증가한 남학생 수)$-$(감소한 여학생 수)$=-5$이므로

$\dfrac{4}{100}x-\dfrac{6}{100}y=-5$

$\therefore \begin{cases} x+y=1000 \\ \dfrac{4}{100}x-\dfrac{6}{100}y=-5 \end{cases}$

(2) $\begin{cases} x+y=1000 \\ \dfrac{4}{100}x-\dfrac{6}{100}y=-5 \end{cases}$ 에서

$\begin{cases} x+y=1000 & \cdots \text{㉠} \\ 2x-3y=-250 & \cdots \text{㉡} \end{cases}$ 으로 놓자.

㉠$\times 2-$㉡을 하면

$5y=2250$ $\therefore y=450$

$y=450$을 ㉠에 대입하면 $x=550$

따라서 작년의 남학생 수는 550명, 여학생 수는 450명이다.

03 (2) A가 6일 동안 한 일의 양 : $6x$

B가 4일 동안 한 일의 양 : $4y$

$\therefore 6x+4y=1$

(4) $\begin{cases} 4x+8y=1 & \cdots \text{㉠} \\ 6x+4y=1 & \cdots \text{㉡} \end{cases}$ 으로 놓자.

㉠$-$㉡$\times 2$를 하면

$-8x=-1$ $\therefore x=\dfrac{1}{8}$

$x=\dfrac{1}{8}$을 ㉠에 대입하면 $y=\dfrac{1}{16}$

(5) $x=\dfrac{1}{8}$이므로 A가 이 일을 혼자 하면 8일이 걸린다.

04 (2) A호스로 1시간 동안 채운 물의 양 : x

B호스로 6시간 동안 채운 물의 양 : $6y$

$\therefore x+6y=1$

(4) $\begin{cases} 2x+3y=1 & \cdots \text{㉠} \\ x+6y=1 & \cdots \text{㉡} \end{cases}$ 으로 놓자.

㉠$-$㉡$\times 2$를 하면

$-9y=-1$ $\therefore y=\dfrac{1}{9}$

$y=\dfrac{1}{9}$을 ㉠에 대입하면 $x=\dfrac{1}{3}$

(5) $y=\dfrac{1}{9}$이므로 B호스만으로 물탱크를 가득 채우려면 9시간이 걸린다.

01 (4) $\begin{cases} x+y=5 \\ \dfrac{x}{3}+\dfrac{y}{6}=1 \end{cases}$ 에서

$\begin{cases} x+y=5 & \cdots \text{㉠} \\ 2x+y=6 & \cdots \text{㉡} \end{cases}$ 으로 놓자.

㉡$-$㉠을 하면 $x=1$

$x=1$을 ㉠에 대입하면 $y=4$

따라서 걸어간 거리는 1 km, 달려간 거리는 4 km이다.

02 (2) 올라갈 때 걸린 시간 : $\dfrac{x}{2}$, 내려올 때 걸린 시간 : $\dfrac{y}{3}$

$\therefore \dfrac{x}{2}+\dfrac{y}{3}=6$

(4) $\begin{cases} y=x-2 \\ \dfrac{x}{2}+\dfrac{y}{3}=6 \end{cases}$ 에서

$\begin{cases} y=x-2 & \cdots \text{㉠} \\ 3x+2y=36 & \cdots \text{㉡} \end{cases}$ 으로 놓자.

㉠을 ㉡에 대입하면

$3x+2(x-2)=36$ $\therefore x=8$

$x=8$을 ㉠에 대입하면 $y=6$

따라서 올라간 거리는 8 km, 내려온 거리는 6 km이다.

03 (4) $\begin{cases} x+y=200 \\ \dfrac{4}{100}x+\dfrac{8}{100}y=\dfrac{5}{100}\times 200 \end{cases}$ 에서

$\begin{cases} x+y=200 & \cdots \text{㉠} \\ x+2y=250 & \cdots \text{㉡} \end{cases}$ 으로 놓자.

㉡$-$㉠을 하면 $y=50$

$y=50$을 ㉠에 대입하면 $x=150$

따라서 4 %의 소금물의 양은 150 g, 8 %의 소금물의 양은 50 g이다.

04 (4) $\begin{cases} \dfrac{x}{100}\times 100+\dfrac{y}{100}\times 200=\dfrac{8}{100}\times 300 \\ \dfrac{x}{100}\times 200+\dfrac{y}{100}\times 100=\dfrac{10}{100}\times 300 \end{cases}$ 에서

$\begin{cases} x+2y=24 & \cdots \text{㉠} \\ 2x+y=30 & \cdots \text{㉡} \end{cases}$ 으로 놓자.

㉠$\times 2-$㉡을 하면

$3y=18$ $\therefore y=6$

$y=6$을 ㉠에 대입하면 $x=12$

따라서 소금물 A의 농도는 12 %, 소금물 B의 농도는 6 %
이다.

01 ② $3x-y=0$이므로 미지수가 2개인 일차방정식이다.
③ $6x+y=0$이므로 미지수가 2개인 일차방정식이다.
④ $3x+5y=3$이므로 미지수가 2개인 일차방정식이다.
⑤ $2(x-y)=5-2y$에서 $2x-5=0$이므로
미지수가 2개인 일차방정식이 아니다.

02 ② $2\times0-(-5)=5$
④ $2\times3-1=5$

03

x	7	4	1
y	1	2	3

x, y가 자연수인 해는 $(7, 1), (4, 2), (1, 3)$의 3개이다.

04 $x=-2, y=3$을 $4x-ay+5=0$에 대입하면
$-8-3a+5=0, -3a=3$ ∴ $a=-1$

05 ③ $x=3, y=1$을 $x-y=2$에 대입하면 $3-1=2$
$x=3, y=1$을 $3x+y=10$에 대입하면 $3\times3+1=10$
따라서 $(3, 1)$을 해로 갖는 것은 ③이다.

06 $x=1, y=-2$를 $2x+ay=6$에 대입하면
$2-2a=6, -2a=4$ ∴ $a=-2$
$x=1, y=-2$를 $bx-3y=5$에 대입하면
$b+6=5$ ∴ $b=-1$

07 $\begin{cases} x+y=-3 & \cdots \text{㉠} \\ 2x+3y=-4 & \cdots \text{㉡} \end{cases}$으로 놓자.
㉠×2-㉡을 하면
$-y=-2$ ∴ $y=2$
$y=2$를 ㉠에 대입하면
$x+2=-3$ ∴ $x=-5$

08 $\begin{cases} 3x-5y=7 & \cdots \text{㉠} \\ 5x+3y=-11 & \cdots \text{㉡} \end{cases}$으로 놓자.
㉠×3+㉡×5를 하면
$34x=-34$ ∴ $x=-1$
$x=-1$을 ㉠에 대입하면 $y=-2$

09 $\begin{cases} x=1-2y & \cdots \text{㉠} \\ 3x+2y=-1 & \cdots \text{㉡} \end{cases}$으로 놓자.
㉠을 ㉡에 대입하면
$3(1-2y)+2y=-1$ ∴ $y=1$
$y=1$을 ㉠에 대입하면 $x=-1$

10 $\begin{cases} 2y=x-7 & \cdots \text{㉠} \\ 2y=-3x+5 & \cdots \text{㉡} \end{cases}$으로 놓자.
㉠을 ㉡에 대입하면
$x-7=-3x+5$ ∴ $x=3$
$x=3$을 ㉠에 대입하면 $y=-2$

11 $\begin{cases} 3(x+1)-y=11 & \cdots \text{㉠} \\ 5x-(x-2y)=14 & \cdots \text{㉡} \end{cases}$으로 놓자.
㉠의 괄호를 풀어 정리하면
$3x-y=8$ $\cdots$ ㉢
㉡의 괄호를 풀어 정리하면
$2x+y=7$ $\cdots$ ㉣
㉢+㉣을 하면
$5x=15$ ∴ $x=3$
$x=3$을 ㉢에 대입하면 $y=1$

12 $\begin{cases} \dfrac{x}{3}+\dfrac{y}{2}=1 & \cdots \text{㉠} \\ \dfrac{x}{4}+\dfrac{y}{2}=\dfrac{3}{2} & \cdots \text{㉡} \end{cases}$으로 놓자.
㉠×6을 하면
$2x+3y=6$ $\cdots$ ㉢
㉡×4를 하면
$x+2y=6$ $\cdots$ ㉣
㉢-㉣×2를 하면
$-y=-6$ ∴ $y=6$
$y=6$을 ㉢에 대입하면 $x=-6$

13 $\begin{cases} 0.2x-0.3y=1.7 & \cdots \text{㉠} \\ 0.01x+0.03y=-0.05 & \cdots \text{㉡} \end{cases}$으로 놓자.
㉠×10을 하면
$2x-3y=17$ $\cdots$ ㉢
㉡×100을 하면
$x+3y=-5$ $\cdots$ ㉣
㉢+㉣을 하면
$3x=12$ ∴ $x=4$
$x=4$를 ㉣에 대입하면 $y=-3$

14 $\begin{cases} 5x+4y=3 & \cdots \text{㉠} \\ x+2y=3 & \cdots \text{㉡} \end{cases}$으로 놓자.
㉠-㉡×2를 하면
$3x=-3$ ∴ $x=-1$
$x=-1$을 ㉡에 대입하면 $y=2$

15 $\begin{cases} 3x-4y+4=5x+y & \cdots \text{㉠} \\ x+2y+8=5x+y & \cdots \text{㉡} \end{cases}$으로 놓자.
㉠을 간단히 정리하면
$2x+5y=4$ $\cdots$ ㉢
㉡을 간단히 정리하면
$4x-y=8$ $\cdots$ ㉣
㉢×2-㉣을 하면
$11y=0$ ∴ $y=0$
$y=0$을 ㉢에 대입하면 $x=2$

16 ① $x=2, y=0$

② $x=0, y=-\dfrac{1}{3}$

③ 해가 없다.

④ 해가 무수히 많다.

⑤ $x=1, y=-1$

17 연립방정식의 해가 존재하지 않으려면

$\dfrac{a}{6}=\dfrac{-1}{-2}\neq\dfrac{-2}{3}$ $\therefore a=3$

18 큰 수를 x, 작은 수를 y라고 하면

$\begin{cases} x-y=25 & \cdots \text{㉠} \\ x=4y+1 & \cdots \text{㉡} \end{cases}$ 으로 놓자.

㉡을 ㉠에 대입하면

$(4y+1)-y=25$ $\therefore y=8$

$y=8$을 ㉡에 대입하면 $x=33$

따라서 두 수는 33, 8이다.

19 현재 누나의 나이를 x살, 동생의 나이를 y살이라고 하면

$\begin{cases} x+y=33 \\ x-12=2(y-12) \end{cases}$ 에서

$\begin{cases} x+y=33 & \cdots \text{㉠} \\ x-2y=-12 & \cdots \text{㉡} \end{cases}$ 으로 놓자.

㉠$-$㉡을 하면

$3y=45$ $\therefore y=15$

$y=15$를 ㉠에 대입하면 $x=18$

따라서 현재 누나의 나이는 18살이다.

20 자전거를 타고 간 거리를 x km, 달려간 거리를 y km라고 하면

$\begin{cases} x+y=8 \\ \dfrac{x}{10}+\dfrac{y}{5}=1 \end{cases}$ 에서

$\begin{cases} x+y=8 & \cdots \text{㉠} \\ x+2y=10 & \cdots \text{㉡} \end{cases}$ 으로 놓자.

㉡$-$㉠을 하면 $y=2$

$y=2$를 ㉠에 대입하면 $x=6$

따라서 자전거를 타고 간 거리는 6 km이다.

Chapter Ⅴ 일차함수와 그래프

054~055쪽

01 x의 값이 변함에 따라 y의 값이 하나씩 정해지므로 y는 x의 함수이다.

02 x의 값이 2일 때, y의 값은 1, 2로 하나씩 정해지지 않으므로 y는 x의 함수가 아니다.

03 x의 값이 1일 때, y의 값이 정해지지 않으므로 y는 x의 함수가 아니다.

08 x의 값이 변함에 따라 y의 값이 하나씩 정해지므로 y는 x의 함수이다.

11 x의 값이 변함에 따라 y의 값이 하나씩 정해지므로 y는 x의 함수이다.

14 x의 값이 변함에 따라 y의 값이 하나씩 정해지므로 y는 x의 함수이다.

17 x의 값이 3일 때, y의 값은 3, 6, 9, $\cdots$로 하나씩 정해지지 않으므로 y는 x의 함수가 아니다.

19 키가 150 cm인 사람의 몸무게는 40 kg, 50 kg 등으로 여러 가지가 있을 수 있다.

즉 x의 값이 변함에 따라 y의 값이 하나씩 정해지지 않으므로 y는 x의 함수가 아니다.

22 ③ x의 값이 5일 때, y의 값은 2, 3으로 하나씩 정해지지 않으므로 y는 x의 함수가 아니다.

따라서 y가 x의 함수가 아닌 것은 ③이다.

056~057쪽

03 $f(0)=4\times 0=0$

04 $f(-3)=4\times(-3)=-12$

05 $f\left(\dfrac{1}{2}\right)=4\times\dfrac{1}{2}=2$

06 $f\left(-\dfrac{3}{4}\right)=4\times\left(-\dfrac{3}{4}\right)=-3$

08 $f(-2)=\dfrac{12}{-2}=-6$

09 $f(3)=\dfrac{12}{3}=4$

10 $f(-4)=\dfrac{12}{-4}=-3$

11 $f(6)=\dfrac{12}{6}=2$

12 $f(-12)=\dfrac{12}{-12}=-1$

17 $f(-3)=-5\times(-3)=15$

18 $f(-3)=\dfrac{2}{3}\times(-3)=-2$

19 $f(-3)=-\dfrac{9}{-3}=3$

20 $f(-3)=2\times(-3)-3=-9$

23 $f(6)=700\times6=4200$

26 $f(2)=\dfrac{6}{2}=3$

27 $f(-1)=-3\times(-1)=3$
$f(2)=-3\times2=-6$
$\therefore 2f(-1)+f(2)=2\times3-6=0$

23 ③ $y=x(x+1)$에서 $y=x^2+x$이므로 일차함수가 아니다.
④ $2x+y=y-x+5$에서 $3x-5=0$이므로 일차함수가 아니다.
⑤ $y=3x^2-x(3x-2)$에서 $y=2x$이므로 일차함수이다.
따라서 일차함수인 것은 ②, ⑤이다.

04 $x=0$일 때, $y=-2\times0+3=3$
$x=1$일 때, $y=-2\times1+3=1$
따라서 두 점 $(0,3)$, $(1,1)$을 좌표평면 위에 나타낸 후 직선으로 연결하면 다음과 같다.

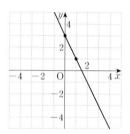

05 $x=0$일 때, $y=4\times0-2=-2$
$x=1$일 때, $y=4\times1-2=2$
따라서 두 점 $(0,-2)$, $(1,2)$를 좌표평면 위에 나타낸 후 직선으로 연결하면 다음과 같다.

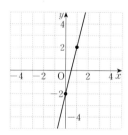

06 $x=0$일 때, $y=-3\times0-4=-4$
$x=-2$일 때, $y=-3\times(-2)-4=2$
따라서 두 점 $(0,-4)$, $(-2,2)$를 좌표평면 위에 나타낸 후 직선으로 연결하면 다음과 같다.

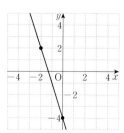

03 $4x-y+7=0$에서 $y=4x+7$이므로 일차함수이다.

05 $xy=10$에서 $y=\dfrac{10}{x}$이므로 일차함수가 아니다.

09 $\dfrac{y}{x}=7$에서 $y=7x$이므로 일차함수이다.

10 $x^2+y=x^2-x+1$에서 $y=-x+1$이므로 일차함수이다.

18 $y=\dfrac{50}{x}$이므로 일차함수가 아니다.

20 $\dfrac{1}{2}xy=14$에서 $y=\dfrac{28}{x}$이므로 일차함수가 아니다.

21 $y=24-x$이므로 일차함수이다.

22 $y=50x+300$이므로 일차함수이다.

07 $x=0$일 때, $y=\dfrac{1}{2}\times0-1=-1$

$x=2$일 때, $y=\dfrac{1}{2}\times2-1=0$

따라서 두 점 $(0,\,-1),\,(2,\,0)$을 좌표평면 위에 나타낸 후 직선으로 연결하면 다음과 같다.

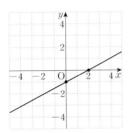

08   ④ 점 $(-1,\,5)$를 지난다.
따라서 옳지 않은 것은 ④이다.

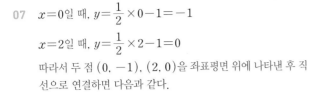

ACT 21　　　　　　064~065쪽

13 $y=x-4$의 그래프를 y축의 방향으로 4만큼 평행이동한 그래프가 나타내는 일차함수의 식은
$y=x-4+4$　　$\therefore\ y=x$

14 $y=-2x+1$의 그래프를 y축의 방향으로 -6만큼 평행이동한 그래프가 나타내는 일차함수의 식은
$y=-2x+1-6$　　$\therefore\ y=-2x-5$

15 $y=ax-3$의 그래프를 y축의 방향으로 5만큼 평행이동한 그래프가 나타내는 일차함수의 식은
$y=ax-3+5$　　$\therefore\ y=ax+2$
따라서 $a=4$, $b=2$이므로 $a+b=6$

ACT 22　　　　　　066~067쪽

07 $y=0$일 때, $0=-x-1$　　$\therefore\ x=-1$
$x=0$일 때, $y=-1\times0-1$　　$\therefore\ y=-1$
따라서 x절편은 -1, y절편은 -1이다.

08 $y=0$일 때, $0=3x-9$　　$\therefore\ x=3$
$x=0$일 때, $y=3\times0-9$　　$\therefore\ y=-9$
따라서 x절편은 3, y절편은 -9이다.

09 $y=0$일 때, $0=-2x+8$　　$\therefore\ x=4$
$x=0$일 때, $y=-2\times0+8$　　$\therefore\ y=8$
따라서 x절편은 4, y절편은 8이다.

10 $y=0$일 때, $0=5x+10$　　$\therefore\ x=-2$
$x=0$일 때, $y=5\times0+10$　　$\therefore\ y=10$
따라서 x절편은 -2, y절편은 10이다.

11 $y=0$일 때, $0=-4x-4$　　$\therefore\ x=-1$
$x=0$일 때, $y=-4\times0-4$　　$\therefore\ y=-4$
따라서 x절편은 -1, y절편은 -4이다.

12 $y=0$일 때, $0=\dfrac{1}{2}x-1$　　$\therefore\ x=2$

$x=0$일 때, $y=\dfrac{1}{2}\times0-1$　　$\therefore\ y=-1$

따라서 x절편은 2, y절편은 -1이다.

13 $y=0$일 때, $0=-\dfrac{1}{5}x+2$　　$\therefore\ x=10$

$x=0$일 때, $y=-\dfrac{1}{5}\times0+2$　　$\therefore\ y=2$

따라서 x절편은 10, y절편은 2이다.

14 $y=0$일 때, $0=\dfrac{2}{3}x+4$　　$\therefore\ x=-6$

$x=0$일 때, $y=\dfrac{2}{3}\times0+4$　　$\therefore\ y=4$

따라서 x절편은 -6, y절편은 4이다.

15 $y=0$일 때, $0=-\dfrac{3}{4}x-3$　　$\therefore\ x=-4$

$x=0$일 때, $y=-\dfrac{3}{4}\times0-3$　　$\therefore\ y=-3$

따라서 x절편은 -4, y절편은 -3이다.

16 $y=0$일 때, $0=-3x+6$　　$\therefore\ x=2$
$x=0$일 때, $y=-3\times0+6$　　$\therefore\ y=6$
따라서 $a=2$, $b=6$이므로 $b-a=4$

ACT 23　　　　　　068~069쪽

04 $y=0$일 때, $0=x-1$　　$\therefore\ x=1$
$x=0$일 때, $y=0-1$　　$\therefore\ y=-1$
x절편이 1, y절편이 -1이므로 $y=x-1$의 그래프는 두 점 $(1,\,0),\,(0,\,-1)$을 지난다.
따라서 두 점을 좌표평면 위에 나타낸 후 직선으로 연결하면 다음과 같다.

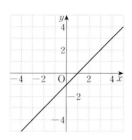

05 $y=0$일 때, $0=-2x-4$ $\therefore x=-2$

$x=0$일 때, $y=-2\times0-4$ $\therefore y=-4$

x절편이 -2, y절편이 -4이므로 $y=-2x-4$의 그래프는 두 점 $(-2,0)$, $(0,-4)$를 지난다.

따라서 두 점을 좌표평면 위에 나타낸 후 직선으로 연결하면 다음과 같다.

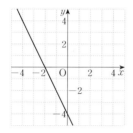

06 $y=0$일 때, $0=3x+3$ $\therefore x=-1$

$x=0$일 때, $y=3\times0+3$ $\therefore y=3$

x절편이 -1, y절편이 3이므로 $y=3x+3$의 그래프는 두 점 $(-1,0)$, $(0,3)$을 지난다.

따라서 두 점을 좌표평면 위에 나타낸 후 직선으로 연결하면 다음과 같다.

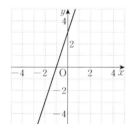

07 $y=0$일 때, $0=\dfrac{5}{2}x-5$ $\therefore x=2$

$x=0$일 때, $y=\dfrac{5}{2}\times0-5$ $\therefore y=-5$

x절편이 2, y절편이 -5이므로 $y=\dfrac{5}{2}x-5$의 그래프는 두 점 $(2,0)$, $(0,-5)$를 지난다.

따라서 두 점을 좌표평면 위에 나타낸 후 직선으로 연결하면 다음과 같다.

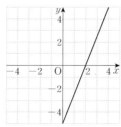

08 $y=0$일 때, $0=-\dfrac{1}{4}x+1$ $\therefore x=4$

$x=0$일 때, $y=-\dfrac{1}{4}\times0+1$ $\therefore y=1$

x절편이 4, y절편이 1이므로 $y=-\dfrac{1}{4}x+1$의 그래프는 두 점 $(4,0)$, $(0,1)$을 지난다.

따라서 두 점을 좌표평면 위에 나타낸 후 직선으로 연결하면 다음과 같다.

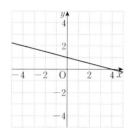

09 $y=0$일 때, $0=-\dfrac{1}{2}x-3$ $\therefore x=-6$

$x=0$일 때, $y=-\dfrac{1}{2}\times0-3$ $\therefore y=-3$

따라서 x절편이 -6, y절편이 -3이므로 두 점 $(-6,0)$, $(0,-3)$을 지나는 그래프를 찾으면 ②이다.

ACT 24

070~071쪽

02 표를 완성하면 다음과 같다.

x	$\cdots$	0	1	2	3	$\cdots$
y	$\cdots$	2	1	0	-1	$\cdots$

$y=-x+2$에서 x의 값이 0에서 1로 1만큼 증가할 때, y의 값은 2에서 1로 1만큼 감소한다.

$\therefore$ (기울기)$=\dfrac{1-2}{1-0}=-1$

03 표를 완성하면 다음과 같다.

x	$\cdots$	0	1	2	3	$\cdots$
y	$\cdots$	-3	1	5	9	$\cdots$

$y=4x-3$에서 x의 값이 0에서 1로 1만큼 증가할 때, y의 값은 -3에서 1로 4만큼 증가한다.

$\therefore$ (기울기)$=\dfrac{1-(-3)}{1-0}=4$

04 표를 완성하면 다음과 같다.

x	$\cdots$	0	1	2	3	$\cdots$
y	$\cdots$	5	3	1	-1	$\cdots$

$y=-2x+5$에서 x의 값이 0에서 1로 1만큼 증가할 때, y의 값은 5에서 3으로 2만큼 감소한다.

$\therefore (기울기)=\dfrac{3-5}{1-0}=-2$

05 표를 완성하면 다음과 같다.

x	$\cdots$	0	2	4	6	$\cdots$
y	$\cdots$	-2	-3	-4	-5	$\cdots$

$y=-\dfrac{1}{2}x-2$에서 x의 값이 0에서 2로 2만큼 증가할 때, y의 값은 -2에서 -3으로 1만큼 감소한다.

$\therefore (기울기)=\dfrac{-3-(-2)}{2-0}=-\dfrac{1}{2}$

08 $(기울기)=\dfrac{6}{2}=3$

09 $(기울기)=\dfrac{-6}{3}=-2$

10 $(기울기)=\dfrac{3}{6}=\dfrac{1}{2}$

11 $(기울기)=\dfrac{-3}{4}=-\dfrac{3}{4}$

12 $(기울기)=\dfrac{4}{2}=2$

$(x절편)=2,\ (y절편)=-4$

06 $\dfrac{(y의\ 값의\ 증가량)}{5-1}=\dfrac{(y의\ 값의\ 증가량)}{4}=-1$

$\therefore (y의\ 값의\ 증가량)=-4$

07 $\dfrac{(y의\ 값의\ 증가량)}{5-1}=\dfrac{(y의\ 값의\ 증가량)}{4}=\dfrac{1}{2}$

$\therefore (y의\ 값의\ 증가량)=2$

08 $\dfrac{(y의\ 값의\ 증가량)}{5-1}=\dfrac{(y의\ 값의\ 증가량)}{4}=-\dfrac{5}{4}$

$\therefore (y의\ 값의\ 증가량)=-5$

10 $(기울기)=\dfrac{1-3}{2-0}=\dfrac{-2}{2}=-1$

11 $(기울기)=\dfrac{8-(-4)}{5-1}=\dfrac{12}{4}=3$

12 $(기울기)=\dfrac{-3-9}{1-(-2)}=\dfrac{-12}{3}=-4$

13 $(기울기)=\dfrac{6-3}{7-1}=\dfrac{3}{6}=\dfrac{1}{2}$

14 $(기울기)=\dfrac{-3-(-8)}{2-(-3)}=\dfrac{5}{5}=1$

15 $(기울기)=\dfrac{-4-0}{5-3}=\dfrac{-4}{2}=-2$

16 $(기울기)=\dfrac{-2-(-8)}{4-(-4)}=\dfrac{6}{8}=\dfrac{3}{4}$

17 $(기울기)=\dfrac{-1-5}{3-(-6)}=\dfrac{-6}{9}=-\dfrac{2}{3}$

18 $(기울기)=\dfrac{-9}{2-(-1)}=-3$인 것을 찾으면 ①이다.

ACT 25 072~073쪽

02 $\dfrac{(y의\ 값의\ 증가량)}{2}=-3$

$\therefore (y의\ 값의\ 증가량)=-6$

03 $\dfrac{(y의\ 값의\ 증가량)}{2}=2$

$\therefore (y의\ 값의\ 증가량)=4$

04 $\dfrac{(y의\ 값의\ 증가량)}{2}=-5$

$\therefore (y의\ 값의\ 증가량)=-10$

ACT 26 074~075쪽

02 y절편이 3이므로 이 일차함수의 그래프는 점 $(0, 3)$을 지난다. 또 기울기가 -2이므로 점 $(0, 3)$에서 x의 값이 1만큼 증가할 때 y의 값은 2만큼 감소한다. 즉, 점 $(1, 1)$을 지난다. 따라서 두 점을 직선으로 연결하면 다음 그림과 같다.

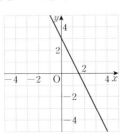

09 $y=\dfrac{1}{4}x-3$의 그래프의 기울기는 $\dfrac{1}{4}$, y절편은 -3이므로 그래프는 다음과 같다.

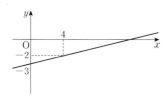

따라서 이 그래프가 지나지 않는 사분면은 제2사분면이다.

ACT+ 27   076~077쪽

01 (1) $f(a)=6$이므로
$-2a=6$ $\therefore a=-3$
(2) $f(a)=-10$이므로
$-2a=-10$ $\therefore a=5$

02 (1) $f(a)=-3$이므로
$\dfrac{6}{a}=-3$ $\therefore a=-2$
(2) $f(a)=1$이므로
$\dfrac{6}{a}=1$ $\therefore a=6$

03 $f(a)=8$이므로
$3a-1=8, \ 3a=9$ $\therefore a=3$

04 (1) $f(2)=8$이므로
$2a=8$ $\therefore a=4$
(2) $f(-6)=3$이므로
$-6a=3$ $\therefore a=-\dfrac{1}{2}$

05 (1) $f(-4)=-2$이므로
$\dfrac{a}{-4}=-2$ $\therefore a=8$
(2) $f(3)=-5$이므로
$\dfrac{a}{3}=-5$ $\therefore a=-15$

06 $f(1)=7$이므로
$a+2=7$ $\therefore a=5$

07 (1) $3\neq-2\times(-2)+1$이므로 $(-2, \ 3)$은 그래프 위의 점이 아니다.
(2) $1=-2\times0+1$이므로 $(0, \ 1)$은 그래프 위의 점이다.
(3) $-1=-2\times1+1$이므로 $(1, \ -1)$은 그래프 위의 점이다.
(4) $-4\neq-2\times3+1$이므로 $(3, \ -4)$는 그래프 위의 점이 아니다.

08 (1) $x=-1, \ y=a$를 $y=5x$에 대입하면
$a=-5$
(2) $x=-1, \ y=a$를 $y=2x+4$에 대입하면
$a=-2+4=2$
(3) $x=-1, \ y=a$를 $y=-3x-2$에 대입하면
$a=3-2=1$

09 (1) $x=1, \ y=6$을 $y=ax+3$에 대입하면
$6=a+3$ $\therefore a=3$
(2) $x=2, \ y=-9$를 $y=ax+3$에 대입하면
$-9=2a+3$ $\therefore a=-6$
(3) $x=-4, \ y=7$을 $y=ax+3$에 대입하면
$7=-4a+3$ $\therefore a=-1$

10 (1) $y=3x$의 그래프를 y축의 방향으로 -5만큼 평행이동한 그래프가 나타내는 일차함수의 식은 $y=3x-5$
(2) ㉠ $-8=3\times(-1)-5$
㉡ $5\neq3\times0-5$
㉢ $-4\neq3\times3-5$
㉣ $7=3\times4-5$
따라서 그래프 위의 점은 ㉠, ㉣이다.

11 (1) $y=-x$의 그래프를 y축의 방향으로 3만큼 평행이동한 그래프가 나타내는 일차함수의 식은 $y=-x+3$
(2) $x=a, \ y=6$을 $y=-x+3$에 대입하면
$6=-a+3$ $\therefore a=-3$

12 $x=-8, \ y=a$를 $y=\dfrac{1}{2}x+6$에 대입하면
$a=-4+6=2$

ACT 28   080~081쪽

01 기울기가 양수인 것을 고르면 ㉠, ㉣이다.

02 기울기가 음수인 것을 고르면 ㉡, ㉢이다.

03 y절편이 양수인 것을 고르면 ㉠, ㉢이다.

04 ㉣ $y=\dfrac{1}{4}x-2$의 그래프는 오른쪽 위로 향하고, y축과 음의 부분에서 만나므로 제2사분면을 지나지 않는다.

05 기울기가 음수인 것을 고르면 ㉠, ㉢이다.

06 기울기가 양수인 것을 고르면 ㉡, ㉣이다.

07 y절편이 음수인 것을 고르면 ㉡, ㉢이다.

08 ㉣ $y=\dfrac{3}{2}x+1$의 그래프는 오른쪽 위로 향하고, y축과 양의
　　부분에서 만나므로 제4사분면을 지나지 않는다.

10 그래프가 오른쪽 위로 향하는 직선이므로 $a>0$
　　그래프가 y축과 음의 부분에서 만나므로 $b<0$

11 그래프가 오른쪽 아래로 향하는 직선이므로 $a<0$
　　그래프가 y축과 양의 부분에서 만나므로 $b>0$

12 그래프가 오른쪽 아래로 향하는 직선이므로 $a<0$
　　그래프가 y축과 음의 부분에서 만나므로 $b<0$

14 그래프가 오른쪽 위로 향하는 직선이므로
　　$-a>0$　∴ $a<0$
　　그래프가 y축과 양의 부분에서 만나므로 $b>0$

15 그래프가 오른쪽 아래로 향하는 직선이므로
　　$-a<0$　∴ $a>0$
　　그래프가 y축과 음의 부분에서 만나므로 $b<0$

16 ⑤ 제2사분면을 지나지 않는다.
　　따라서 옳지 않은 것은 ⑤이다.

082~083쪽

04 $y=\dfrac{2}{5}(x+5)$에서 $y=\dfrac{2}{5}x+2$이므로 두 그래프는 기울기
　　가 같고 y절편은 다르다.
　　따라서 두 그래프는 평행하다.

05 $y=-2(x-1)$에서 $y=-2x+2$이므로 두 그래프는 기울
　　기와 y절편이 모두 같다.
　　따라서 두 그래프는 일치한다.

06 기울기가 같고 y절편은 다른 것을 고르면 ㉡, ㉢이다.

07 기울기와 y절편이 모두 같은 것을 고르면 ㉠, ㉣이다.

08 기울기가 같고 y절편이 다른 것을 고르면 ㉠, ㉢이다.

09 기울기와 y절편이 모두 같은 것을 고르면 ㉡, ㉣이다.

14 $2a=8$이므로 $a=4$

15 $-1=\dfrac{1}{3}a$이므로 $a=-3$

19 $3a=-6$, $5=\dfrac{1}{2}b$이므로 $a=-2$, $b=10$

20 기울기가 $\dfrac{3}{2}$인 것 중에서 y절편이 -3이 아닌 것을 고르면 ⑤
　　이다.

084~085쪽

01 기울기가 2이고 y절편이 5인 직선을 그래프로 하는 일차함수
　　의 식은 $y=2x+5$

06 점 $\left(0,\ \dfrac{1}{2}\right)$을 지나므로 y절편이 $\dfrac{1}{2}$이다.
　　➡ $y=-4x+\dfrac{1}{2}$

10 (기울기)$=\dfrac{-10}{5}=-2$ ➡ $y=-2x-4$

11 (기울기)$=\dfrac{2}{4}=\dfrac{1}{2}$ ➡ $y=\dfrac{1}{2}x-7$

12 (기울기)$=\dfrac{9}{3}=3$ ➡ $y=3x-1$

13 (기울기)$=\dfrac{-6}{8}=-\dfrac{3}{4}$ ➡ $y=-\dfrac{3}{4}x+3$

15 서로 평행한 두 일차함수의 그래프의 기울기는 같으므로 기울
　　기는 -1이다.
　　➡ $y=-x+9$

16 서로 평행한 두 일차함수의 그래프의 기울기는 같으므로 기울
　　기는 5이다.
　　➡ $y=5x-3$

17 서로 평행한 두 일차함수의 그래프의 기울기는 같으므로 기울
　　기는 $-\dfrac{2}{3}$이고, 점 $(0,\ 2)$를 지나므로 y절편이 2이다.
　　➡ $y=-\dfrac{2}{3}x+2$

18 (기울기)$=\dfrac{-10}{2}=-5$
　　따라서 일차함수의 식은 $y=-5x+5$
　　$y=0$일 때, $0=-5x+5$　∴ $x=1$
　　따라서 구하는 x절편은 1이다.

086~087쪽

02 구하는 일차함수의 식을 $y=3x+b$로 놓고
　　$x=2$, $y=-1$을 대입하면
　　$-1=6+b$　∴ $b=-7$
　　따라서 구하는 일차함수의 식은 $y=3x-7$

03 구하는 일차함수의 식을 $y=-2x+b$로 놓고
$x=-5$, $y=4$를 대입하면
$4=10+b$　∴ $b=-6$
따라서 구하는 일차함수의 식은 $y=-2x-6$

04 구하는 일차함수의 식을 $y=4x+b$로 놓고
$x=-1$, $y=-3$을 대입하면
$-3=-4+b$　∴ $b=1$
따라서 구하는 일차함수의 식은 $y=4x+1$

05 구하는 일차함수의 식을 $y=-6x+b$로 놓고
$x=2$, $y=-9$를 대입하면
$-9=-12+b$　∴ $b=3$
따라서 구하는 일차함수의 식은 $y=-6x+3$

06 구하는 일차함수의 식을 $y=\dfrac{3}{2}x+b$로 놓고
$x=4$, $y=2$를 대입하면
$2=6+b$　∴ $b=-4$
따라서 구하는 일차함수의 식은 $y=\dfrac{3}{2}x-4$

07 구하는 일차함수의 식을 $y=-\dfrac{1}{3}x+b$로 놓고
$x=-6$, $y=0$을 대입하면
$0=2+b$　∴ $b=-2$
따라서 구하는 일차함수의 식은 $y=-\dfrac{1}{3}x-2$

08 구하는 일차함수의 식을 $y=5x+b$로 놓고
$x=-2$, $y=0$을 대입하면
$0=-10+b$　∴ $b=10$
따라서 구하는 일차함수의 식은 $y=5x+10$

09 구하는 일차함수의 식을 $y=-3x+b$로 놓고
$x=3$, $y=0$을 대입하면
$0=-9+b$　∴ $b=9$
따라서 구하는 일차함수의 식은 $y=-3x+9$

11 (기울기)$=\dfrac{8}{4}=2$
구하는 일차함수의 식을 $y=2x+b$로 놓고
$x=1$, $y=7$을 대입하면
$7=2+b$　∴ $b=5$
따라서 구하는 일차함수의 식은 $y=2x+5$

12 (기울기)$=\dfrac{-12}{3}=-4$
구하는 일차함수의 식을 $y=-4x+b$로 놓고
$x=2$, $y=-6$을 대입하면
$-6=-8+b$　∴ $b=2$
따라서 구하는 일차함수의 식은 $y=-4x+2$

13 (기울기)$=\dfrac{6}{9}=\dfrac{2}{3}$
구하는 일차함수의 식을 $y=\dfrac{2}{3}x+b$로 놓고
$x=3$, $y=-5$를 대입하면
$-5=2+b$　∴ $b=-7$
따라서 구하는 일차함수의 식은 $y=\dfrac{2}{3}x-7$

14 (기울기)$=\dfrac{-3}{6}=-\dfrac{1}{2}$
구하는 일차함수의 식을 $y=-\dfrac{1}{2}x+b$로 놓고
$x=4$, $y=0$을 대입하면
$0=-2+b$　∴ $b=2$
따라서 구하는 일차함수의 식은 $y=-\dfrac{1}{2}x+2$

16 서로 평행한 두 일차함수의 그래프의 기울기는 같으므로 기울기는 -5이다.
구하는 일차함수의 식을 $y=-5x+b$로 놓고
$x=3$, $y=-8$을 대입하면
$-8=-15+b$　∴ $b=7$
따라서 구하는 일차함수의 식은 $y=-5x+7$

17 서로 평행한 두 일차함수의 그래프의 기울기는 같으므로 기울기는 $\dfrac{1}{4}$이다.
구하는 일차함수의 식을 $y=\dfrac{1}{4}x+b$로 놓고
$x=-4$, $y=2$를 대입하면
$2=-1+b$　∴ $b=3$
따라서 구하는 일차함수의 식은 $y=\dfrac{1}{4}x+3$

18 서로 평행한 두 일차함수의 그래프의 기울기는 같으므로 기울기는 -2이다.
구하는 일차함수의 식을 $y=-2x+b$로 놓고
$x=-5$, $y=0$을 대입하면
$0=10+b$　∴ $b=-10$
따라서 구하는 일차함수의 식은 $y=-2x-10$

19 서로 평행한 두 일차함수의 그래프의 기울기는 같으므로 기울기는 3이다.
구하는 일차함수의 식을 $y=3x+b$로 놓고
$x=-1$, $y=-1$을 대입하면
$-1=-3+b$　∴ $b=2$
따라서 $y=3x+2$이므로
$a=3$, $b=2$
∴ $a+b=5$

02 $(기울기)=\dfrac{-7-(-1)}{5-2}=-2$

구하는 일차함수의 식을 $y=-2x+b$로 놓고
$x=2,\ y=-1$을 대입하면
$-1=-4+b$ $\therefore b=3$
따라서 구하는 일차함수의 식은 $y=-2x+3$

03 $(기울기)=\dfrac{6-3}{2-(-4)}=\dfrac{1}{2}$

구하는 일차함수의 식을 $y=\dfrac{1}{2}x+b$로 놓고
$x=-4,\ y=3$을 대입하면
$3=-2+b$ $\therefore b=5$
따라서 구하는 일차함수의 식은 $y=\dfrac{1}{2}x+5$

04 $(기울기)=\dfrac{-9-(-5)}{0-(-1)}=-4$

구하는 일차함수의 식을 $y=-4x+b$로 놓고
$x=0,\ y=-9$를 대입하면 $-9=b$
따라서 구하는 일차함수의 식은 $y=-4x-9$

05 $(기울기)=\dfrac{7-3}{6-3}=\dfrac{4}{3}$

구하는 일차함수의 식을 $y=\dfrac{4}{3}x+b$로 놓고
$x=3,\ y=3$을 대입하면
$3=4+b$ $\therefore b=-1$
따라서 구하는 일차함수의 식은 $y=\dfrac{4}{3}x-1$

06 $(기울기)=\dfrac{-2-4}{5-(-5)}=-\dfrac{3}{5}$

구하는 일차함수의 식을 $y=-\dfrac{3}{5}x+b$로 놓고
$x=-5,\ y=4$를 대입하면
$4=3+b$ $\therefore b=1$
따라서 구하는 일차함수의 식은 $y=-\dfrac{3}{5}x+1$

07 $(기울기)=\dfrac{-8-7}{1-(-2)}=-5$

구하는 일차함수의 식을 $y=-5x+b$로 놓고
$x=1,\ y=-8$을 대입하면
$-8=-5+b$ $\therefore b=-3$
따라서 구하는 일차함수의 식은 $y=-5x-3$

09 두 점 $(-4,\ 1),\ (2,\ -2)$를 지나므로
$(기울기)=\dfrac{-2-1}{2-(-4)}=-\dfrac{1}{2}$

구하는 일차함수의 식을 $y=-\dfrac{1}{2}x+b$로 놓고
$x=2,\ y=-2$를 대입하면
$-2=-1+b$ $\therefore b=-1$
따라서 구하는 일차함수의 식은 $y=-\dfrac{1}{2}x-1$

10 두 점 $(3,\ 3),\ (5,\ 7)$을 지나므로
$(기울기)=\dfrac{7-3}{5-3}=2$
구하는 일차함수의 식을 $y=2x+b$로 놓고
$x=3,\ y=3$을 대입하면
$3=6+b$ $\therefore b=-3$
따라서 구하는 일차함수의 식은 $y=2x-3$

11 두 점 $(-2,\ 7),\ (1,\ -2)$를 지나므로
$(기울기)=\dfrac{-2-7}{1-(-2)}=-3$
구하는 일차함수의 식을 $y=-3x+b$로 놓고
$x=1,\ y=-2$를 대입하면
$-2=-3+b$ $\therefore b=1$
따라서 구하는 일차함수의 식은 $y=-3x+1$

12 두 점 $(-6,\ -6),\ (6,\ 2)$를 지나므로
$(기울기)=\dfrac{2-(-6)}{6-(-6)}=\dfrac{2}{3}$
구하는 일차함수의 식을 $y=\dfrac{2}{3}x+b$로 놓고
$x=6,\ y=2$를 대입하면
$2=4+b$ $\therefore b=-2$
따라서 구하는 일차함수의 식은 $y=\dfrac{2}{3}x-2$

13 두 점 $(-2,\ 8),\ (4,\ -7)$을 지나므로
$(기울기)=\dfrac{-7-8}{4-(-2)}=-\dfrac{5}{2}$
주어진 그래프의 일차함수의 식을 $y=-\dfrac{5}{2}x+b$로 놓고
$x=-2,\ y=8$을 대입하면
$8=5+b$ $\therefore b=3$
따라서 $y=-\dfrac{5}{2}x+3$의 그래프가 점 $(2,\ k)$를 지나므로
$k=-5+3=-2$

02 두 점 $(3,\ 0),\ (0,\ 3)$을 지나므로
$(기울기)=\dfrac{3-0}{0-3}=-1$
따라서 구하는 일차함수의 식은 $y=-x+3$

03 두 점 $(6, 0)$, $(0, -2)$를 지나므로

$(기울기)= \dfrac{-2-0}{0-6} = \dfrac{1}{3}$

따라서 구하는 일차함수의 식은 $y = \dfrac{1}{3}x - 2$

04 두 점 $(4, 0)$, $(0, 6)$을 지나므로

$(기울기)= \dfrac{6-0}{0-4} = -\dfrac{3}{2}$

따라서 구하는 일차함수의 식은 $y = -\dfrac{3}{2}x + 6$

05 두 점 $(1, 0)$, $(0, -5)$를 지나므로

$(기울기)= \dfrac{-5-0}{0-1} = 5$

따라서 구하는 일차함수의 식은 $y = 5x - 5$

06 두 점 $(-3, 0)$, $(0, -9)$를 지나므로

$(기울기)= \dfrac{-9-0}{0-(-3)} = -3$

따라서 구하는 일차함수의 식은 $y = -3x - 9$

07 두 점 $(-10, 0)$, $(0, 4)$를 지나므로

$(기울기)= \dfrac{4-0}{0-(-10)} = \dfrac{2}{5}$

따라서 구하는 일차함수의 식은 $y = \dfrac{2}{5}x + 4$

09 두 점 $(2, 0)$, $(0, -6)$을 지나므로

$(기울기)= \dfrac{-6-0}{0-2} = 3$

따라서 구하는 일차함수의 식은 $y = 3x - 6$

10 두 점 $(-5, 0)$, $(0, -5)$를 지나므로

$(기울기)= \dfrac{-5-0}{0-(-5)} = -1$

따라서 구하는 일차함수의 식은 $y = -x - 5$

11 두 점 $(-4, 0)$, $(0, 1)$을 지나므로

$(기울기)= \dfrac{1-0}{0-(-4)} = \dfrac{1}{4}$

따라서 구하는 일차함수의 식은 $y = \dfrac{1}{4}x + 1$

12 두 점 $(4, 0)$, $(0, 8)$을 지나므로

$(기울기)= \dfrac{8-0}{0-4} = -2$

따라서 구하는 일차함수의 식은 $y = -2x + 8$

13 일차함수 $y = \dfrac{1}{2}x + 2$의 그래프의 x절편은 -4이고, 일차함수 $y = -3x + 4$의 그래프의 y절편은 4이므로 구하려는 일차함수의 그래프는 두 점 $(-4, 0)$, $(0, 4)$를 지난다.

$(기울기)= \dfrac{4-0}{0-(-4)} = 1$

따라서 구하는 일차함수의 식은 $y = x + 4$

092~093쪽

02 (1) 2분마다 $8\,^{\circ}\mathrm{C}$씩 온도가 올라가므로 1분마다 $4\,^{\circ}\mathrm{C}$씩 온도가 올라간다.

따라서 y를 x에 대한 식으로 나타내면 $y = 20 + 4x$

(2) $y = 20 + 4x$에 $y = 60$을 대입하면

$60 = 20 + 4x$ $\therefore x = 10$

따라서 물의 온도가 $60\,^{\circ}\mathrm{C}$가 되는 것은 물을 끓인 지 10분 후이다.

03 (2) $y = 25 - 6x$에 $x = 4$를 대입하면 $y = 25 - 6 \times 4 = 1$

따라서 지면으로부터 높이가 $4\,\mathrm{km}$인 지점의 기온은 $1\,^{\circ}\mathrm{C}$이다.

05 (2) $y = 80 + 6x$에 $x = 3$을 대입하면 $y = 80 + 6 \times 3 = 98$

따라서 3년 후의 나무의 높이는 $98\,\mathrm{cm}$이다.

(3) $y = 80 + 6x$에 $y = 110$을 대입하면

$110 = 80 + 6x$ $\therefore x = 5$

따라서 나무의 높이가 $110\,\mathrm{cm}$가 되는 것은 5년 후이다.

06 (1) $10\,\mathrm{g}$인 물체를 달면 $5\,\mathrm{cm}$만큼 늘어나므로 $1\,\mathrm{g}$인 물체를 달면 $\dfrac{1}{2}\,\mathrm{cm}$만큼 늘어난다.

$\therefore y = 30 + \dfrac{1}{2}x$

(2) $y = 30 + \dfrac{1}{2}x$에 $x = 24$를 대입하면

$y = 30 + \dfrac{1}{2} \times 24 = 42$

따라서 무게가 $24\,\mathrm{g}$인 물체를 달았을 때의 용수철의 길이는 $42\,\mathrm{cm}$이다.

(3) $y = 30 + \dfrac{1}{2}x$에 $y = 38$을 대입하면

$38 = 30 + \dfrac{1}{2}x$ $\therefore x = 16$

따라서 용수철의 길이가 $38\,\mathrm{cm}$가 되는 것은 무게가 $16\,\mathrm{g}$인 물체를 달았을 때이다.

ACT+ **35**

094~095쪽

02 (2) $y = 45 - 3x$에 $x = 9$를 대입하면

$y = 45 - 3 \times 9 = 18$

따라서 9분 후에 욕조에 남아 있는 물의 양은 $18\,\mathrm{L}$이다.

(3) $y = 45 - 3x$에 $y = 0$을 대입하면

$0 = 45 - 3x$ $\therefore x = 15$

따라서 물이 모두 흘러나가는 데 걸리는 시간은 15분이다.

03 (1) 1 L의 휘발유로 12 km를 달리므로 1 km를 달리는 데 필요한 휘발유의 양은 $\dfrac{1}{12}$ L이다.

$$\therefore y=35-\dfrac{1}{12}x$$

(2) $y=35-\dfrac{1}{12}x$에 $x=60$을 대입하면

$$y=35-\dfrac{1}{12}\times 60=30$$

따라서 60 km를 달린 후에 남아 있는 휘발유의 양은 30 L이다.

(3) $y=35-\dfrac{1}{12}x$에 $y=20$을 대입하면

$$20=35-\dfrac{1}{12}x \quad \therefore x=180$$

따라서 남아 있는 휘발유의 양이 20 L가 되는 것은 180 km를 달린 후이다.

05 (1) $\overline{\text{PC}}=(12-x)$ cm이므로

$$y=\dfrac{1}{2}\times\{12+(12-x)\}\times 8,\ \text{즉}\ y=96-4x$$

(2) $y=96-4x$에 $x=4$를 대입하면 $y=96-4\times 4=80$

따라서 $\overline{\text{BP}}=4$ cm일 때, 사다리꼴 APCD의 넓이는 80 cm^{2}이다.

06 (1) 점 P는 1초에 2 cm씩 움직이므로 x초 후의 $\overline{\text{PC}}$의 길이는 $2x$ cm이다. 따라서 $\overline{\text{BP}}=(16-2x)$ cm이므로

$$y=\dfrac{1}{2}\times(16-2x)\times 9,\ \text{즉}\ y=72-9x$$

(2) $y=72-9x$에 $y=18$을 대입하면

$$18=72-9x \quad \therefore x=6$$

따라서 삼각형 ABP의 넓이가 18 cm^{2}가 되는 것은 점 P가 출발한 지 6초 후이다.

TEST 05 096~097쪽

01 ㉡ x의 값이 1일 때, y의 값은 -1, 1로 하나씩 정해지지 않으므로 y는 x의 함수가 아니다.

02 $f(-2)=\dfrac{10}{-2}=-5,\ f(5)=\dfrac{10}{5}=2$

$$\therefore f(-2)+f(5)=-5+2=-3$$

03 $f(-1)=-3\times(-1)+1=4$

$f(3)=-3\times 3+1=-8$

$$\therefore f(-1)-f(3)=4-(-8)=12$$

06 $y=x+4$의 그래프를 y축의 방향으로 -5만큼 평행이동한 그래프가 나타내는 일차함수의 식은

$$y=x+4-5 \quad \therefore y=x-1$$

08 $y=0$일 때, $0=2x-10$ $\quad\therefore x=5$

$x=0$일 때, $y=-10$

09 $y=0$일 때, $0=-\dfrac{1}{4}x+2$ $\quad\therefore x=8$

$x=0$일 때, $y=2$

10 $\dfrac{(y\text{의 값의 증가량})}{4-(-2)}=\dfrac{2}{3}$

$$\therefore (y\text{의 값의 증가량})=4$$

11 $x=3,\ y=-5$를 $y=ax+7$에 대입하면

$-5=3a+7$ $\quad\therefore a=-4$

12 ⑤ 제3사분면을 지나지 않는다.

14 $(\text{기울기})=\dfrac{-4}{2}=-2$

구하는 일차함수의 식을 $y=-2x+b$로 놓고

$x=2,\ y=1$을 대입하면

$1=-4+b$ $\quad\therefore b=5$

따라서 구하는 일차함수의 식은 $y=-2x+5$

15 $(\text{기울기})=\dfrac{5-2}{4-(-2)}=\dfrac{1}{2}$

구하는 일차함수의 식을 $y=\dfrac{1}{2}x+b$로 놓고

$x=-2,\ y=2$를 대입하면

$2=-1+b$ $\quad\therefore b=3$

따라서 구하는 일차함수의 식은 $y=\dfrac{1}{2}x+3$

16 두 점 $(2,\ 0),\ (0,\ 8)$을 지나므로

$$(\text{기울기})=\dfrac{8-0}{0-2}=-4$$

따라서 구하는 일차함수의 식은 $y=-4x+8$

17 $6=2a$이므로 $a=3$

18 $a=-2$이고 $2=\dfrac{1}{3}b$이므로 $b=6$

19 (2) $y=20+5x$에 $x=10$을 대입하면

$$y=20+5\times 10=70$$

따라서 물을 가열한 지 10분 후의 물의 온도는 70 ℃이다.

20 (1) 3분마다 1 cm씩 길이가 짧아지므로 1분마다 $\dfrac{1}{3}$ cm씩 길이가 짧아진다.

$$\therefore y=15-\dfrac{1}{3}x$$

(2) $y=15-\dfrac{1}{3}x$에 $y=0$을 대입하면

$$0=15-\dfrac{1}{3}x \quad \therefore x=45$$

따라서 양초가 다 타는 데 걸리는 시간은 45분이다.

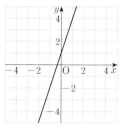
Chapter Ⅵ 일차함수와 일차방정식의 관계

ACT 36
102~103쪽

05 $x-4y-4=0$에서 $-4y=-x+4$
∴ $y=\dfrac{1}{4}x-1$

07 $2x+3y-9=0$에서 $3y=-2x+9$
∴ $y=-\dfrac{2}{3}x+3$

08 $5x-2y+10=0$에서 $-2y=-5x-10$
∴ $y=\dfrac{5}{2}x+5$

10 $x+5y+5=0$에서 $5y=-x-5$
∴ $y=-\dfrac{1}{5}x-1$
∴ (기울기)$=-\dfrac{1}{5}$, (y절편)$=-1$
$y=0$일 때 $x=-5$ ∴ (x절편)$=-5$

11 $3x-2y-6=0$에서 $-2y=-3x+6$
∴ $y=\dfrac{3}{2}x-3$
∴ (기울기)$=\dfrac{3}{2}$, (y절편)$=-3$
$y=0$일 때 $x=2$ ∴ (x절편)$=2$

12 $2x+7y-14=0$에서 $7y=-2x+14$
∴ $y=-\dfrac{2}{7}x+2$
따라서 기울기는 $-\dfrac{2}{7}$, x절편은 7, y절편은 2이므로
$a=-\dfrac{2}{7}$, $b=7$, $c=2$
∴ $ab+c=-\dfrac{2}{7}\times7+2=0$

ACT 37
104~105쪽

01 $x+y-2=0$에서
$y=-x+2$
따라서 그래프를 그리면 오른쪽
그림과 같다.

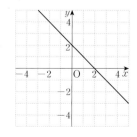

02 $3x-y+1=0$에서 $y=3x+1$
따라서 그래프를 그리면 오른쪽
그림과 같다.

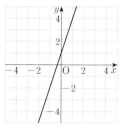

03 $2x+3y+6=0$에서
$y=-\dfrac{2}{3}x-2$
따라서 그래프를 그리면 오른쪽
그림과 같다.

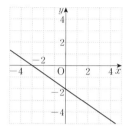

04 $3x-4y-12=0$에서
$y=\dfrac{3}{4}x-3$
따라서 그래프를 그리면 오른쪽
그림과 같다.

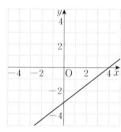

09 ㉢ $4x+y-3=0$에서 $y=-4x+3$
$y=-4x+3$의 그래프는 기울기가 음수이므로 오른쪽 아래로 향하고 y절편이 양수이므로 y축과 양의 부분에서 만난다.
따라서 제3사분면을 지나지 않는다.

10 ㉠ $y=2x-3$
㉡ $y=4x+5$
㉢ $y=-4x+3$
㉣ $y=-4x-5$
따라서 서로 평행한 두 그래프는 기울기가 -4로 같은 ㉢, ㉣이다.

12 $ax-y-b=0$에서 $y=ax-b$
그래프가 오른쪽 아래로 향하는 직선이므로
$a<0$
그래프가 y축과 양의 부분에서 만나므로
$-b>0$ ∴ $b<0$

13 $ax-y-b=0$에서 $y=ax-b$
그래프가 오른쪽 위로 향하는 직선이므로 $a>0$
그래프가 y축과 음의 부분에서 만나므로
$-b<0$ ∴ $b>0$

14 $x-2y+6=0$에서 $y=\dfrac{1}{2}x+3$
㉡ y축과 양의 부분에서 만난다.
㉣ 기울기가 다르므로 평행하지 않다.
따라서 옳은 것은 ㉠, ㉢이다.

09 점 $(3, 0)$을 지나고 y축에 평행한 직선이므로 $x=3$

10 점 $(0, 1)$을 지나고 x축에 평행한 직선이므로 $y=1$

11 점 $(-5, 0)$을 지나고 y축에 평행한 직선이므로 $x=-5$

12 점 $(0, -7)$을 지나고 x축에 평행한 직선이므로 $y=-7$

13 x축에 평행한 직선의 방정식은 $y=q\,(q\neq0)$의 꼴이다.
ㄹ $y+3=0$에서 $y=-3$이므로 구하는 직선의 방정식은
ㄴ, ㄹ이다.

03 (1) 두 점의 x좌표가 같으므로 y축에 평행한 직선이다.
  ∴ $x=-2$
(2) 두 점의 y좌표가 같으므로 x축에 평행한 직선이다.
  ∴ $y=7$

04 y축에 평행하므로 두 좌표의 x의 값이 같다.
(1) $a=-a+6$, $2a=6$ ∴ $a=3$
(2) $-5-3a=-8a+5$, $5a=10$ ∴ $a=2$

05 y축에 수직이므로 두 좌표의 y의 값이 같다.
(1) $a=2a-6$, $-a=-6$ ∴ $a=6$
(2) $4a=-5-a$, $5a=-5$ ∴ $a=-1$

06 $y=4x-1$에 $x=1$, $y=q$를 대입하면 $q=4-1=3$
즉, 점 $(1, 3)$을 지나고 x축에 평행한 직선의 방정식은 $y=3$

07 $3x-y+6=0$에 $x=p$, $y=9$를 대입하면
$3p-9+6=0$, $3p=3$ ∴ $p=1$
즉, 점 $(1, 9)$를 지나고 x축에 수직인 직선의 방정식은 $x=1$

08

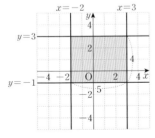

➡ $5\times4=20$

09

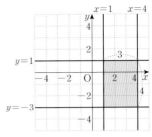

➡ $3\times4=12$

10

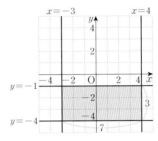

➡ $7\times3=21$

11 두 직선 $x=5$와 $y=x$가 만나는 점의 좌표는 $(5, 5)$이다.

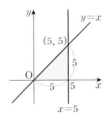

➡ $\dfrac{1}{2}\times5\times5=\dfrac{25}{2}$

12 두 직선 $y=3$과 $y=-x$가 만나는 점의 좌표는 $(-3, 3)$이다.

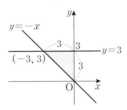

➡ $\dfrac{1}{2}\times3\times3=\dfrac{9}{2}$

13 두 직선 $x=-6$과 $y=\dfrac{1}{2}x$가 만나는 점의 좌표는 $(-6, -3)$이다.

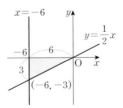

➡ $\dfrac{1}{2}\times6\times3=9$

ACT 40 112~113쪽

09 연립방정식 $\begin{cases} x-3y=6 \\ 2x+3y=-15 \end{cases}$ 를 풀면

$x=-3$, $y=-3$이므로
두 그래프의 교점의 좌표는 $(-3, -3)$이다.

10 연립방정식 $\begin{cases} 4x+y=-4 \\ x+2y=6 \end{cases}$ 을 풀면

$x=-2$, $y=4$이므로
두 그래프의 교점의 좌표는 $(-2, 4)$이다.

11 연립방정식 $\begin{cases} 2x+5y=-3 \\ 5x-2y=7 \end{cases}$ 을 풀면

$x=1$, $y=-1$이므로
두 그래프의 교점의 좌표는 $(1, -1)$이다.

12 연립방정식 $\begin{cases} 3x-y+1=0 \\ x+2y-9=0 \end{cases}$ 을 풀면

$x=1$, $y=4$이므로
두 그래프의 교점의 좌표는 $(1, 4)$이다.

ACT 41 114~115쪽

04 $\begin{cases} 4x-2y=6 \\ -2x+y=-3 \end{cases}$ 에서 $\begin{cases} y=2x-3 \\ y=2x-3 \end{cases}$

즉, 기울기와 y절편이 각각 같으므로 두 그래프는 일치한다.
따라서 해가 무수히 많다.

05 $\begin{cases} x-y=1 \\ 6x-3y=2 \end{cases}$ 에서 $\begin{cases} y=x-1 \\ y=2x-\dfrac{2}{3} \end{cases}$

즉, 기울기가 다르므로 두 그래프는 한 점에서 만난다.
따라서 한 쌍의 해를 갖는다.

06 $\begin{cases} 5x+4y=2 \\ -5x-4y=1 \end{cases}$ 에서 $\begin{cases} y=-\dfrac{5}{4}x+\dfrac{1}{2} \\ y=-\dfrac{5}{4}x-\dfrac{1}{4} \end{cases}$

즉, 기울기가 같고 y절편은 다르므로 두 그래프는 서로 평행하다.
따라서 해가 없다.

09 $\begin{cases} x+\dfrac{1}{3}y=-1 \\ 3x+y=-3 \end{cases}$ 에서 $\begin{cases} 3x+y=-3 \\ 3x+y=-3 \end{cases}$

즉, 기울기와 y절편이 각각 같으므로 두 그래프는 일치한다.
따라서 해가 무수히 많다.

10 ①, ⑤ 해가 무수히 많다.
②, ③ 해가 없다.
따라서 해가 한 쌍인 것은 ④이다.

ACT+ 42 116~117쪽

01 (1) $x=3$, $y=2$를 $ax-y=4$에 대입하면
$3a-2=4$ ∴ $a=2$
$x=3$, $y=2$를 $x+by=9$에 대입하면
$3+2b=9$ ∴ $b=3$

(2) $x=-2$, $y=3$을 $x+y=a$에 대입하면
$-2+3=a$ ∴ $a=1$
$x=-2$, $y=3$을 $x-y=b$에 대입하면
$-2-3=b$ ∴ $b=-5$

(3) $x=4$, $y=-1$을 $x+ay=2$에 대입하면
$4-a=2$ ∴ $a=2$
$x=4$, $y=-1$을 $3x+2y=b$에 대입하면
$12-2=b$ ∴ $b=10$

02 (1) $x=2$, $y=0$을 $ax-3y=8$에 대입하면
$2a=8$ ∴ $a=4$
$x=2$, $y=0$을 $bx+2y=10$에 대입하면
$2b=10$ ∴ $b=5$

(2) $x=0$, $y=-4$를 $2x+ay=12$에 대입하면
$-4a=12$ ∴ $a=-3$
$x=0$, $y=-4$를 $3x-y=b$에 대입하면
$b=4$

03 (1) $x=-1$, $y=-2$를 $x+ay=-9$에 대입하면
$-1-2a=-9$ ∴ $a=4$
$x=-1$, $y=-2$를 $5x+by=-1$에 대입하면
$-5-2b=-1$ ∴ $b=-2$

(2) $x=-1$, $y=-2$를 $3x-2y=a$에 대입하면
$-3+4=a$ ∴ $a=1$
$x=-1$, $y=-2$를 $bx-y=-5$에 대입하면
$-b+2=-5$ ∴ $b=7$

04 (1) 연립방정식 $\begin{cases} x+y=1 \\ 2x-y=5 \end{cases}$ 의 해는 $x=2$, $y=-1$

이므로 교점의 좌표는 $(2, -1)$이다.

(2) 구하는 직선의 방정식을 $y=-3x+b$로 놓고
$x=2$, $y=-1$을 대입하면
$-1=-6+b$ ∴ $b=5$
따라서 구하는 직선의 방정식은 $y=-3x+5$

05 연립방정식 $\begin{cases} x-y=2 \\ 4x-3y=10 \end{cases}$ 의 해는 $x=4$, $y=2$

이므로 교점의 좌표는 $(4,\ 2)$이다.

구하는 직선의 방정식을 $y=x+b$로 놓고

$x=4$, $y=2$를 대입하면

$2=4+b$ $\therefore b=-2$

따라서 구하는 직선의 방정식은

$y=x-2$

06 연립방정식 $\begin{cases} 2x+3y=7 \\ 3x-2y=-9 \end{cases}$ 의 해는 $x=-1$, $y=3$

이므로 교점의 좌표는 $(-1,\ 3)$이다.

구하는 직선의 방정식을 $y=-2x+b$로 놓고

$x=-1$, $y=3$을 대입하면

$3=2+b$ $\therefore b=1$

따라서 구하는 직선의 방정식은

$y=-2x+1$

07 (1) 연립방정식 $\begin{cases} x-y=-2 \\ x+3y=10 \end{cases}$ 의 해는 $x=1$, $y=3$

이므로 교점의 좌표는 $(1,\ 3)$이다.

(2) 두 점 $(1,\ 3)$, $(2,\ 5)$를 지나므로

$(기울기)=\dfrac{5-3}{2-1}=2$

구하는 직선의 방정식을 $y=2x+b$로 놓고

$x=1$, $y=3$을 대입하면

$3=2+b$ $\therefore b=1$

따라서 구하는 직선의 방정식은

$y=2x+1$

08 연립방정식 $\begin{cases} 2x+y=-1 \\ 2x-5y=-7 \end{cases}$ 의 해는 $x=-1$, $y=1$

이므로 교점의 좌표는 $(-1,\ 1)$이다.

두 점 $(-1,\ 1)$, $(1,\ -7)$을 지나므로

$(기울기)=\dfrac{-7-1}{1-(-1)}=-4$

구하는 직선의 방정식을 $y=-4x+b$로 놓고

$x=-1$, $y=1$을 대입하면

$1=4+b$ $\therefore b=-3$

따라서 구하는 직선의 방정식은

$y=-4x-3$

09 연립방정식 $\begin{cases} 3x+y=-2 \\ x+4y=14 \end{cases}$ 의 해는 $x=-2$, $y=4$

이므로 교점의 좌표는 $(-2,\ 4)$이다.

두 점 $(-2,\ 4)$, $(2,\ 0)$을 지나므로

$(기울기)=\dfrac{0-4}{2-(-2)}=-1$

구하는 직선의 방정식을 $y=-x+b$로 놓고

$x=2$, $y=0$을 대입하면

$0=-2+b$ $\therefore b=2$

따라서 구하는 직선의 방정식은

$y=-x+2$

02 $3x+2y-12=0$에서 $y=-\dfrac{3}{2}x+6$

따라서 기울기는 $-\dfrac{3}{2}$, x절편은 4, y절편은 6이다.

03 $x-4y-4=0$에서 $y=\dfrac{1}{4}x-1$

㉠ 오른쪽 위로 향하는 직선이다.

㉢ $y=4x$의 그래프와 평행하지 않다.

따라서 옳은 것은 ㉡, ㉣이다.

04 $ax+y+b=0$에서 $y=-ax-b$

그래프가 오른쪽 위로 향하는 직선이므로

$-a>0$ $\therefore a<0$

그래프가 y축과 음의 부분에서 만나므로

$-b<0$ $\therefore b>0$

05 ④ $3+2\times1-5=0$이므로 점 $(3,\ 1)$은 그래프 위의 점이다.

06 $x=-2$, $y=6$을 $5x+ay=8$에 대입하면

$-10+6a=8$ $\therefore a=3$

11 두 점의 y좌표가 같으므로 x축에 평행한 직선이다.

$\therefore y=-1$

15 연립방정식 $\begin{cases} x+y=5 \\ 3x-y=7 \end{cases}$ 을 풀면 $x=3$, $y=2$이므로 두 그래프의 교점의 좌표는 $(3,\ 2)$이다.

16 연립방정식 $\begin{cases} x-2y=10 \\ 2x+5y=-7 \end{cases}$ 을 풀면 $x=4$, $y=-3$이므로 두 그래프의 교점의 좌표는 $(4,\ -3)$이다.

17 $x=2$, $y=-1$을 $ax+y=3$에 대입하면

$2a-1=3$ $\therefore a=2$

$x=2$, $y=-1$을 $x-2y=b$에 대입하면

$2+2=b$ $\therefore b=4$

18 기울기가 다른 것을 찾으면 ㉠, ㉤이다.

19 기울기는 같고 y절편이 다른 것을 찾으면 ㉡, ㉣이다.

20 기울기와 y절편이 각각 같은 것을 찾으면 ㉢, ㉥이다.